JN288072

大阪市立自然史博物館叢書―①

大 和 川 の 自 然

大阪市立自然史博物館叢書—①

大和川の自然

大阪市立自然史博物館編著

東海大学出版会

Natural History of the Yamatogawa River System

edited by Osaka Museum of Natural History
Tokai University Press, 2007
ISBN978-4-486-01767-7

はじめに

　大和川は大阪・奈良を流れる一級河川です。流域に住んでいる人に大和川とはどんな川かと問えば、「汚い川」と答える人が多いでしょう。事実、国土交通省が毎年発表する一級河川の水質状況を見ると、毎年のようにワースト5に入る、時には不名誉にワースト1にも輝く川であることから、流域に住んでいる人にそのような印象を与えるのでしょう。そのせいか、流域に住んでいる私たちにとって、大和川に対する知識は著しく少なく偏ったものです。どのように大和川は「汚い川」なのか、どんな生き物がすんでいるのか、いったい大和川とはどんな川なのか、私たちは実は何も知りませんでした。

　大和川の始まりは、深い森や険しい山ではなく、広々と水田がひらけた緩い丘陵のようなところです。大和川の水は、岩の間からしたたる一滴の水、ではなく、水田の間の水路から始まるのです。水路から始まった大和川は、山間部を下り、古の都・奈良を流れます。古くから大和川の水は大阪・奈良の文化の発展と大きく関わってきました。しかし、その一方で、流路はほとんどが昔から人の手が加わった、人工河川といってもいいものです。大阪・奈良で支流を集めた大和川は、たくさんの人が住んでいる街を流れ、大阪湾に注ぎます。

　街を流れ、「汚い」と呼ばれ、人工河川といってもよい大和川にも、たくさんの魚が泳ぎ、鳥が集まり、昆虫が暮らしています。川と水路や水田を行き来する生き物、海と川を行き来する生き物、河川敷の草原を生活の場とする生き物など、様々な生き物が大和川の環境と密接に関わって暮らしています。日本有数の汚い川と呼ばれる大和川は、生き物が何もすんでいない川ではなく、たくさんの生き物にあふれる川でもあったのです。しかし、水質の悪化や周辺環境の変化など生き物を取り巻く状況は決して明るいものではないことも事実です。

　そんな大和川の自然を、自然史博物館と友の会を中心にした市民150人以上が一緒になって2002年から2006年までの5年間、調査してきました。本書ではその成果を中心に、大和川の環境の現状、暮らしている生き物、大和川と人との関わりなどについて述べていきます。大和川という大阪・奈良のローカルな話題を取り扱っていますが、日本中の都市を流れる身近な川、生活に密着した川の現状や問題を透かして見ることができるでしょう。本書を通じて、大和川の自然について知っていただくと共に、身近な自然に目を向けていただき、一人ひとりがどのように自然と接するべきかを考えていただければと願っています。〈中条〉

目次

はじめに ………………………………………………………………………… v
図版1〜8 ………………………………………………………………………… ix
序章　大和川水系調査グループ・プロジェクトYとは ……………………… 1
1章　大和川水系とは …………………………………………………………… 3
　1．大和川ってどんな川 ……………………………………………………… 3
　　1-1　水田から始まる川 …………………………………………………… 3
　　1-2　古くからの都市を潤した川 ………………………………………… 3
　　1-3　人工の川・大阪の大和川 …………………………………………… 3
　2．大和川のおいたち ………………………………………………………… 4
　　2-1　長い歴史の中での大和川 …………………………………………… 4
　　2-2　流路の付け替え ……………………………………………………… 5
　　2-3　水路・用水の整備 …………………………………………………… 6
　　2-4　大和川流域の土地利用 ……………………………………………… 6
　3．気候・地形・地質から見た大和川 ……………………………………… 7
　　3-1　水が少ない？　大和川 ……………………………………………… 7
　　3-2　流路に沿って見る大和川の地形 …………………………………… 8
　　3-3　大和川流域の地質と河川の底質 …………………………………… 9
　4．大和川の水質 ……………………………………………………………… 11
2章　特選大和川観察ポイント ………………………………………………… 18
3章　大和川水系の水辺の生き物 ……………………………………………… 27
　1．魚類 ………………………………………………………………………… 27
　　1-1　河口域 ………………………………………………………………… 27
　　1-2　淡水域（中流域） …………………………………………………… 29
　　1-3　淡水域（上流域） …………………………………………………… 36
　2．両生類 ……………………………………………………………………… 38
　3．爬虫類 ……………………………………………………………………… 43
　4．甲殻類 ……………………………………………………………………… 45
　　4-1　ホウネンエビ、カブトエビ、カイエビ …………………………… 45
　　4-2　十脚類・等脚類 ……………………………………………………… 48
　5．貝類 ………………………………………………………………………… 55
　6．河口の生物 ………………………………………………………………… 61
　7．鳥類 ………………………………………………………………………… 63
　8．哺乳類 ……………………………………………………………………… 74

9．昆虫類 ··· 77
　　10．植物 ··· 86
　　　10-1　大和川を囲んでいた照葉樹林 ··· 86
　　　10-2　大和川を囲む里山 ··· 87
　　　10-3　大和川下流域の植物相 ··· 88
　　　10-4　水草 ··· 89
4章　大和川水系の生物をおびやかす要因 ·· 93
　　1．水質の悪化 ··· 93
　　2．集水域の変化 ··· 94
　　3．河川や水田の改変 ··· 95
　　4．環境の分断 ··· 96
　　5．移入種 ··· 98
　　6．河川敷のレクリエーション利用 ··· 107
　　7．採集 ··· 107
5章　人と大和川の関わり ·· 111
　　1．シラスウナギ漁（大和川河口） ··· 111
　　2．金魚養殖（大和郡山周辺） ··· 112
　　3．日本酒醸造（大和川水系全域） ··· 112
　　4．素麺製造（桜井） ··· 114
6章　大和川水系の生物多様性の特徴と未来 ······································ 115
　　1．大和川水系の生物相の成立：他水系との比較 ······························· 115
　　2．人の作った環境と生き物 ··· 118
　　3．大和川水系の生物多様性を守るために ····································· 119
　　4．未来への提言 ··· 122
　　5．大和川の自然を見つめ続けること―むすびにかえて― ······················· 123
参考文献 ·· 125

附図1　大和川水系図
附図2　大和川水系河川縦断面図
附図3　大和川流域の地質図
附図4　特選大和川観察ポイント

＊帯の文章は、プロジェクトYの参加者の岩本遼太（小学6年生）・浩明さんが書いてくれました。

図版1

図1　大阪市住吉区付近の大和川．南海高野線，堺市浅香山方向を見る．

図2　林と水田に囲まれた大和川源流部（天理市）．

図3　長谷寺近くの初瀬川での観察会（桜井市）．川にはマシジミやカワニナがたくさん見られる．

図4　正暦寺付近の菩提仙川（奈良市）．正暦寺は清酒発祥の地と言われる．

図5　奈良公園，飛火野．奈良公園や春日山原生林も大和川流域になる．

図版2

図6 富雄川源流部のため池（生駒市）．富雄川源流部には小さなため池と水田，林が良い状態で残っている．

図7 大和郡山市外川町付近を流れる水路．矢田丘陵・富雄川周辺の水田や水路は淡水生物の宝庫だ．

図8 稲渕付近の飛鳥川（明日香村）．周辺の棚田風景も美しい．

図9 山辺の道から三輪山を望む（桜井市）．史跡を周りながら，のんびりと散策したいコース．

図10 葛城古道から金剛山・大和葛城山を望む（御所市）．棚田と社寺と葛城川上流部をぬうように葛城古道はある．

図11 農業用水の取水のため水が張られている曽我川（御所市）．曽我川周辺では川と水路のネットワークが充実している．

図12 桜井市付近の寺川での観察会．この付近では大きなナマズも見られる．

図13 橿原市深田池．奈良盆地では一番早くからカワウの繁殖コロニーができたことで知られる．

図版3

図14 大和川（左側）と曽我川（右側）の合流部（安堵町・川西町）．カワウやカモ類，サギ類がたくさん見られる．

図15 河合町大輪田～斑鳩町目安付近の大和川にかかる沈下橋．

図16 奈良と大阪の間の亀の瀬渓谷（王寺町・柏原市）．

図17 亀の瀬で行われている大規模な地滑り対策工事（柏原市）．

図18 河内長野市横谷の集落．後ろに見える山は岩湧山．

図19 石川上流の御光滝（河内長野市）．滝のまわりでは夏でも涼しい空気が流れる．

図20 石川源流，蔵王峠に向かう（河内長野市）．大和川では数少ない渓流部にすむ生き物が見られる．

図21 河内長野市天見，流谷八幡宮．豊かな社寺林と周辺の水田，川が美しい．

図版4

図22 金剛大橋から見た石川（富田林市）．ヨシ原にはカヤネズミの巣がたくさん見られる．

図23 たくさんのレキからなる石川の川原（藤井寺市）．石川は大和川水系では唯一，レキ州が発達する．

図24 大和川（手前）と石川（奥）の合流部（柏原市・藤井寺市）．スッポンやモクズガニ，オイカワやカマツカなどの魚も見られる．

図25 大和川河口（大阪市・堺市）．ボラやメダナなどの魚がたくさんおよぎ，冬にはたくさんの鳥が舞い，春には小さなシラスウナギやモクズガニが川を上る．

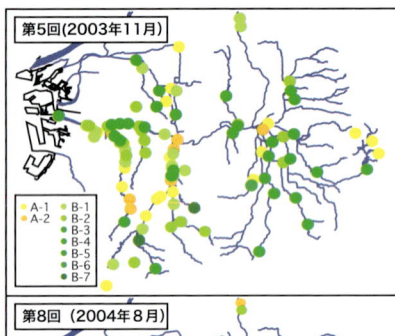

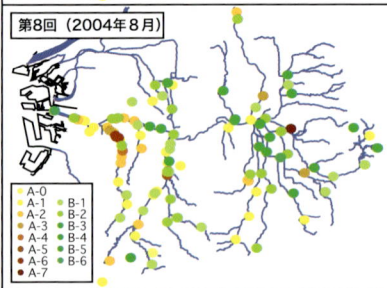

図26 水質分析のために取水した河川水をろ過した後のフィルターの色（2003年11月と2004年8月）．詳しくはP12参照．

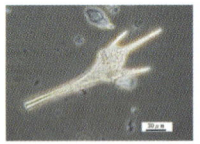

図27 ケラチウム・ヒルンディネラ．渦毛藻類のツノモの仲間．

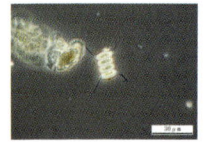

図28 セネデスムス・クァドリカウダ．緑藻類のイカダモの仲間．

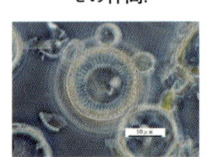

図29 キクロテラ・メネギニアーナ．珪藻類のコアミケイソウの仲間．

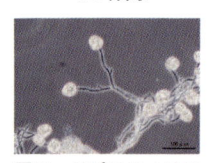

図30 エピスティリス科．付着性繊毛虫類のツリガネムシの仲間．

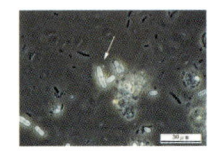

図31 アファノテーケ・ハロフィティカ．藍藻類．

図版5

図32 マハゼ（河口部）.

図33 ヒメハゼ（河口部）.

図34 オイカワ（石川）.

図35 カワムツ（粟原川）.

図36 ヌマムツ（奈良南東部）.

図37 カマツカ（佐保川）.

図38 アユ（大和川本流）.

図39 メダカ（大和川本流）.

図版6

図40　トウヨシノボリ（高田川）.

図41　ドンコ（寺川）.

図42　カワヨシノボリ（葛城川）.

図43　ヤマアカガエルの産卵環境.

図44　ヤマアカガエルの卵塊．2005年2月天理市.

図45　シュレーゲルアオガエル.

図46　スッポン.

図47　テナガエビ（丸山健一郎氏撮影）.

図版7

図48 サワガニ（甲幅約25mm）．

図49 大和川河口で捕まえたモクズガニの雄（2006年4月）．甲羅の幅は約6cm．

図50 マシジミ（左）とタイワンシジミ（右）．

図51 大和川河口で見つけたイシマキガイ（殻長約2cm）．

図52 イカルチドリ．横田靖氏撮影．

図53 ムカシトンボの産卵．井上靖氏撮影．

図54 カワラハンミョウ．堺市浜寺産（1934年）．

図55 ゲンジボタル．

図版 8

図56 ジャコウアゲハ（富田林市通法寺町産）．

図57 ホソオチョウのオス（藤井寺市大和川，2004年6月27日）．

図58 ヒキノカサ．（藤井寺市大和川，2000年4月27日）．近畿地方ではたいへん貴重な絶滅危惧種．

図59 カンサイタンポポの群落（大阪市大和川，1997年4月10日）．

図60 ツルボの群落（大阪市大和川，2000年9月17日）．大和川では定期的な草刈によって大規模な群落が成立している．

図61 ホザキノフサモ．羽状葉の一枚の長さは1.5cm．

図62 エビモ．長さ1cm前後の小さい花序をつける．

図63 カワヂシャ（桜井市寺川，2006年5月）．

図64 オオカワヂシャ．（葛城市，2006年5月）．

序章
大和川水系調査グループ"プロジェクトY"の活動

　大和川は大阪・奈良に住む人たちにとって、身近な川でありながら、どのような環境にどのような生き物が暮らしているかほとんど知られていませんでした。そこで、この身近な大和川の自然を調査しようと、自然史博物館と自然史博物館友の会を中心とした市民が集まり始まったのが、「大和川水系調査グループ・プロジェクトY」です。もちろんプロジェクトYの「Y」は大和川の「Y」。

　プロジェクトYでは、各班に分かれ、班ごとに調査を進めると共に、その成果発表会を定期的に行ったり、観察会を行ったりしてきました。プロジェクトYで活動をしていたのは以下の14班です。

　ホタル班
　甲虫班
　トンボ・水生カメムシ班
　その他の昆虫班
　カブトエビ班
　河口のベントス班
　十脚類班
　貝班
　魚班
　両生爬虫類班
　鳥班
　哺乳類班
　植物班
　水質班

　水質班は2002年秋から、それ以外の班は2003年春からその活動をはじめ、2006年夏に自然史博物館で開催した特別展「大和川の自然─きたない川？にもこんないるで─」を最終の成果発表として調査を行ってきました。

　プロジェクトYのメンバーは小学生からお年寄りまで、生き物に触ったことの全くない人からアマチュア・プロの研究者まで、150人以上が集まり活動してきました。みんなは自然史博物館という基地をベースに、「大和川にどんな生き物がいるんやろう」「大和川ってどんな環境なんやろう」という素朴な好奇心と興味を原動力に調査

飛鳥川での小学生との観察会の風景（明日香村）．

を行ってきました。そして、その成果を博物館の展示で発表するという最終目標も、みんなを懸命に走らせてきました。調査を通じて、こんな自然が大和川にも残っているんだと感動したり、逆に汚れた川を見てがっかりしたりと、メンバーそれぞれに様々な思いを感じました。そして、調査の喜びや失望、苦労や失敗を通して、大和川に対する思いも変化したようです。この本のデータや成果のほとんどはこの「プロジェクトY」を通じて得られたものです。プロジェクトY全員の成果として、この本の執筆と特別展「大和川の自然」の開催ができました。

　この本にも子どもから年配の方まで、プロジェクトYのメンバーの何人かから感想を書いていただきました。実際にプロジェクトYの参加者がどのような思いで調査に参加したのか、大和川を調査してどのように考えたのか感じられるでしょう。〈中条〉

1章
大和川水系とは

1．大和川ってどんな川

1-1　水田から始まる川

　「川の始まり」といえば、みなさんはどんな風景を思い浮かべるでしょうか。岩のすき間から滴(したた)った水が集まり、深い森の中の岩の間を冷たい水が流れ、やがて渓流となり下っていく。多くの人の思い浮かべる川の源流とは、そんな風景ではないでしょうか。では、大阪・奈良を流れる大和川の始まりはどうでしょうか。

　大和川の始まりは、奈良県天理市・桜井市・奈良市の境界あたりの笠置山地になります（図版1図2）。大和川の始まりは山地とはいっても、なだらかな丘陵と水田や家屋のある里山が広がります。この里山の中を大和川の源流は流れます。源流を遡ってみると、それは水田の脇の水路になり、やがて水田と林の間に消えてなくなります。大和川の源流は、水田という人の手が加わった環境から始まっているのです。

1-2　古くからの都市を潤した川

　水路のような源流から山を下り、大和川は奈良盆地に入ります。奈良盆地を流れる大和川は、たくさんの支流と合流し、大きな流れとなっていきます。これら大和川の支流は、古くからの都市、時には都があった街を流れます。そして、この大和川の流れは古の都の発展に大きく関わってきました。生活用水として、農地を潤す水として、水運の航路として、大和川は重要な位置を占めていました（図版1図3～図版3図15）。

　大和川本流は、最初は初瀬川(はせ)という名前で流れています。初瀬川はボタンなどで有名な長谷寺や酒造りの神様として有名な大神神社(おおみわ)の脇を通り、奈良盆地に入ります。そして、奈良市の春日山を源流とする佐保川と合流し、名前を大和川に変えます。その後、桜井市多武峰(とうのみね)を源流とする寺川、明日香村から流れる飛鳥川、生駒山地北部から流れる富雄川、奈良盆地南西部から流れる曽我川・葛城川、生駒山地と矢田丘陵の間を流れる竜田川など、奈良盆地の周囲の山々から集まってきた支流と合流します。どの支流も、かつての都や都市、そして現在の奈良盆地の都市の中を流れます。1500年以上昔から、人々の生活を眺めてきた大和川が、ゆったりと今日も流れています。

1-3　人工の川・大阪の大和川

　奈良盆地を流れた大和川は、奈良県と大阪府の境にある亀の瀬渓谷を通ります。ゆったりと流れていた奈良盆地から一転、亀の瀬渓谷での大和川は急流となります。山

が両側から迫り、波立つ瀬が連続し、河床には大きなレキや岩が見えています（図版3図16）。

亀の瀬渓谷を抜け、大阪平野に入った大和川は、再び緩やかな流れとなります。そしてすぐに金剛山や岩湧山からの支流を集めた石川と合流します。元々の大和川はこの石川と合流した付近から北に曲がり、八尾・東大阪などの河内地方をいくつも分流しつつ流れていました（図1-1）。しかし、現在の大和川は西へ真っ直ぐ流れています。実はこの現在の大和川は、今から約300年前の江戸時代に付け替えられた人工河川です。この「人工」の大和川はさらに西へと流れ、東除川・西除川と合流し、大阪湾に注ぎます（図版3図18〜図版4図25）。

この大和川本流の源流から河口までの距離はたった70km足らず、その流域面積は1070km^{2}です。日本の一級河川の中では小さい部類に入ります。〈中条〉

2．大和川のおいたち
2-1　長い歴史の中での大和川

大和川がいつできたかというのはよくわかっていません。約200万年前には、現在の奈良盆地から香芝市関屋周辺を抜けて大阪平野側に流れこむ川が存在し、それが大和川水系の始まりであったことが推定されています。しかし、約180万年前にたまった火山灰のたまり方を見ると、その当時の奈良・大阪を流れる水系は、中部地方から琵琶湖周辺を抜け、奈良盆地を通り大阪南部に流れるという非常に大きな水系だったようです。現在の大和川水系とは比べることができない、全く違った水系といってよいでしょう。その後も、奈良盆地まで何度も海が入っていたことが分かっています（例えば、奈良盆地地下には約80万年前の海にたまった泥の層があります）。つまり、今の「大和川水系」はそれよりもずっと新しい時代に成立したといえます。

ずっと時代が下がって6000年前の縄文時代、海面は今より2〜3m高く、東大阪などの河内平野は海でした。この時代の河内の海は「河内湾」と呼ばれています（図1-1）。この時代には、今の大和川水系はほぼできていました。しかし、この時代の大和川は、大阪平野に入ってから、直接大阪湾に流れるのではなく、この河内湾に注いでいました。その後、河内湾は海面の低下と大和川・淀川からの土砂の埋め立てにより、「河内潟」「河内湖」の時代を経て、河内平野になります。そして江戸時代の付け替え前まで大和川は河内平野を南北に横切り、淀川と合流し大阪湾に注いでいました（図1-1）。現在の八尾などを流れる長瀬川や玉串川などは、この旧大和川の流路の一つです。

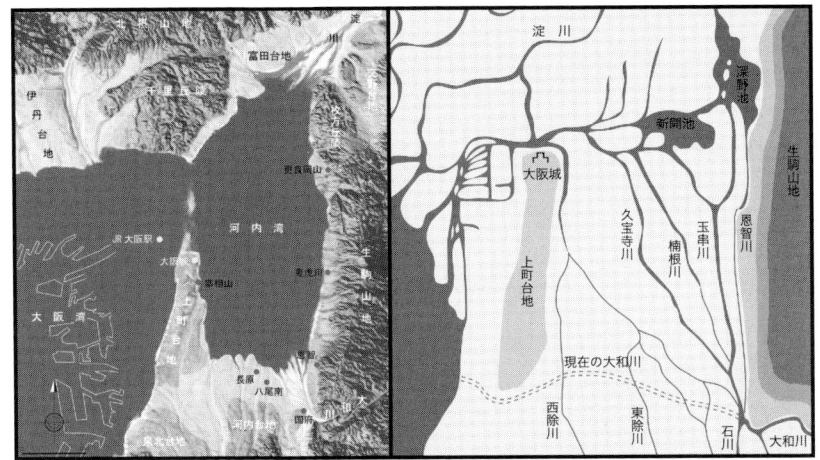

図1-1　（左）縄文時代中期（約5500年前）の大阪の古地理図（趙・松田，2003）．
　　　　（右）江戸時代前期の大阪の古地理図．

2-2　流路の付け替え

　奈良盆地の大和川流域では、飛鳥時代から都が築かれるなど、古くから人の手が加わり開発が行われてきました。大和川の流路を見ると、直角に曲がるなど自然地形に反した不自然な流路が多く、流路の付け替えがあったことがわかります。特に、奈良盆地南部の大和川支流（寺川、飛鳥川、曽我川、高田川など）では、南北に直線的な流路になっています（図1-2）。遺跡発掘の成果などによると、奈良盆地の流路の付け替えは、条里制の広がりとともに12世紀頃（平安時代）を中心に行われたと考えられています。

　大和川流域では、風化した花こう岩地域が後背山地に広がるのに加え、奈良盆地周辺で開発が古くから行われてきたこともあり、中世以降、洪水のたびに大量の土砂が上流から運ばれるようになってきました。そのため、河床は浅くなり、川の水面が周囲の地表よりも高い天井川化してきました。土木技術の発達による流路の固定化でさらに拍車がかかりました。その結果、氾濫が起こると大規模な被害が流域にもたらされました。

　特に大阪の旧大和川流域では氾濫が頻発していました。そのため、流域住民の運動により、現在の大和川の流路へと1704年に付け替えられました。その結果、旧大和川流域では洪水被害の減少や新田開発が進むなど利益が得られました。一方で、新流路沿いでは場所によって渇水またはその逆の浸水の被害が起こったり、河口の堺港が土砂によって埋め立てられ港湾機能を失ってしまうなどの問題が起こりました。

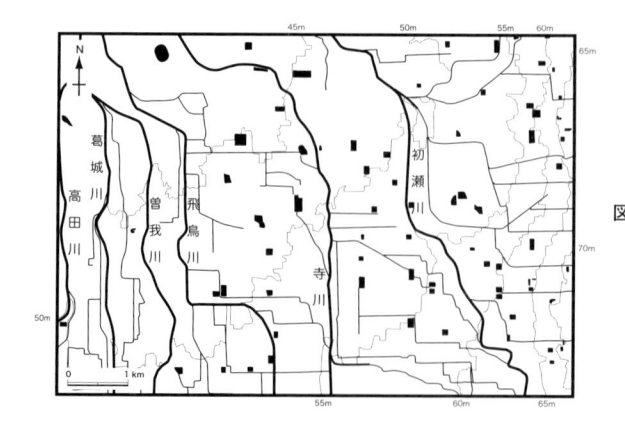

図1-2 奈良盆地田原本町周辺の初瀬川，寺川，飛鳥川，曽我川，葛城川などの流路と水路網．流路が直角に曲がったり，直線的に平行に流れていることがわかる．

2-3　水路・用水の整備

　降水量の少ない大和川流域では、水路やため池が古くから整備されてきました。特に奈良盆地を縦横にめぐる水路は、大和川の各支流の井堰（水を引いたり、水量を調整するために川の水をせき止めた所）から取水され、細かく分けられ水田を潤しています。これらの水路は、特に奈良盆地南部で非常に巧みに張り巡らされています。この地域では初瀬川・寺川・飛鳥川・曽我川などが平行に流れていますが、それぞれの集水区域と灌漑区域が重複しないようになっています。すなわち、標高の高い河川から取水された水は、水路を通り水田を潤した後、再び低い標高の河川に集まり、さらに標高の低い方向に灌漑されるという、水を無駄にしない用水網が発達しているのです（図1-2）。

　それでも干ばつに悩まされることの多かった奈良盆地では、日本有数の多雨地帯である奈良県南部の大台ヶ原周辺を源流に持つ吉野川（紀ノ川）からの導水が、江戸時代から検討されてきました。その計画は周辺の自治体・住民と協議の上、1950（昭和25）年にその工事が着手され、1974（昭和49）年に完成します。この用水は「吉野川分水」と呼ばれます。吉野川分水は奈良県大淀町の吉野川から取水し、導水トンネルを通って奈良盆地に入り、御所市東部で東部幹線水路と西部幹線水路に分かれ、奈良盆地のほぼ全域を潤します（図1-3・4）。

　吉野川分水は農業用水だけでなく、上水道としても利用されています。

2-4　大和川流域の土地利用

　大和川流域は、山地が少なく、大阪・奈良の平野部を広く流れます。そのため流域の広い範囲にたくさんの人々が暮らし、市街地化が進んでいます。流域全体の土地利

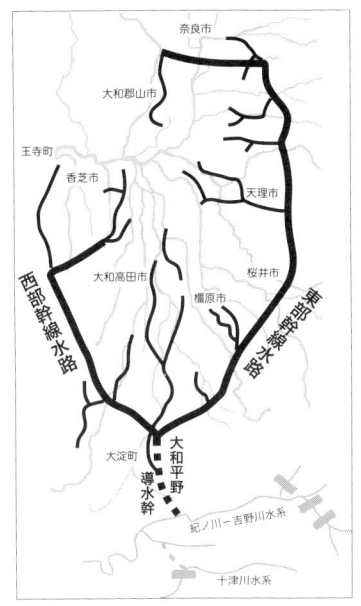

図1-3　吉野川分水の水路図．　　図1-4　奈良盆地を流れる吉野川分水（高取町）．

用を見ると、市街地が25％、水田・畑などが37％、山林が38％となっています。大阪府内の大和川流域は、平野部に限ってみると、羽曳野市や富田林市、美原町（現堺市美原区）の一部にわずかな農地が広がるだけで、ほぼすべて市街地になっています。河口付近は埋め立てが進み、港湾施設やコンビナートになっています。奈良盆地は、中南部や東部には広い農耕地が残っています。しかし、生駒市から奈良市にかけては平野部だけでなく、丘陵部も広く開かれ、市街地化が進んでいます。このように、流域内での土地利用の割合は、実際には全域の数字よりも地域的には非常に偏りがあります。〈中条〉

3．気候・地形・地質から見た大和川
3-1　水が少ない？　大和川

　大和川流域は、高い山地がなく、平野部の割合が多いのが特徴です。そして、流域のすべてが降水量の少ない瀬戸内式気候の範囲になるので、流域の年間降雨量は1300mm足らずと、全国平均の1700mmよりかなり少ない降雨量になります。

　そのため、大阪府柏原市における大和川の年間平均総流出量は8.1億m^3（平均13.57m^3/秒）で、同じ大阪湾に注ぐ淀川の85億m^3の1/10以下の流出量になります（大

和川河川事務所ホームページより）。この少ない降雨量・流出量が、先ほど述べた流域の灌漑用水を発達させました。

ただし、奈良盆地の12世紀以前の遺跡発掘結果などからは、かつての大和川はもっと川幅が広く、流量も多かったのではないかとも推定されています。

3-2　流路に沿って見る大和川の地形

大和川は平地率が約40％もある、非常に緩やかに流れる川です。周囲の山地を見ても、一番標高が高いのは金剛山（標高1125m）で、他には大和葛城山（同960m）、熊ヶ岳（同904m）、岩湧山（同898m）、経ヶ塚山（同889m）などが続き、標高1000mを超える山はほとんどありません。そして、これらの標高の高い地域は、流域の南西部と南東部の山塊に偏っています。そのため、河川縦断面図（巻末　附図2）を見ると、金剛山・葛城山・岩湧山から大阪側に流れる石川水系と奈良側に流れる葛城川、流域南東部から流れる寺川や飛鳥川は上流に向かって非常に急勾配になります。そのため、これらの河川では、大和川水系では数少ない渓流部が見られます。

逆に大和川本流、富雄川、佐保川、曽我川などは上流部まで緩やかな勾配です。奈良盆地の東側に広がる笠置山地〜大和高原は、平野との間は活断層により急勾配ですが、山地の上は非常に緩やかです。佐保川は標高が低いとはいえ春日山原生林が源流ですが、その他の大和川、富雄川、曽我川などでは、源流部付近まで水田や民家が広がります。また、丘陵のようなところが源流のため、他の水系（淀川水系や吉野川水系）との分水嶺もはっきりしていません。

● コラム

予期せぬ？　侵入者たち

吉野川分水は、水という恵みを農家の人々にもたらしたと同時に、今まで奈良盆地にいなかった生き物も、もたらしました。奈良盆地南西部を流れる曽我川水系は、吉野川分水と最初にあう川ですが、曽我川の一支流の今木川を通して、曽我川にアブラハヤ、ムギツク、ニゴイ、スジシマドジョウが侵入している可能性のあることが2004年に今西氏によって報告されました。また、今回の調査で、イトモロコというコイのなかまの魚がやはり吉野川分水と交差している飛鳥川で採集されました。この魚は奈良盆地からの記録は今までにありません。侵入が事実とすれば、人の手で作られたものによって生物が移動したと考えられる以上、この魚たちは、人が間接的に放流したものになることは間違いないでしょう。知らないうちに侵入したとはいえ、また、吉野川分水が今のように移入種が問題になる以前に計画されていたとはいえ、その事実は変えられません。それを私たちは心に留めておく必要があります。〈波戸岡〉

次に中・下流部の地形に目を向けましょう。平らな奈良盆地をゆっくりと流れた大和川は、大阪・奈良の県境にある亀の瀬渓谷を通って大阪平野に入ります。亀の瀬渓谷では、奈良盆地を流れている時とはうってかわって、山が両側から迫り川幅も狭くなります。この亀の瀬渓谷の5kmの区間では、約15mの標高差があります。奈良盆地内の佐保川・大和川合流点から亀の瀬渓谷までの10kmの間で10mの標高差、亀の瀬渓谷を抜けた柏原から河口までの20kmで20mの標高差しかないのに比べると、亀の瀬渓谷が短い区間で標高差があることがわかるでしょう。

大阪平野に出た大和川は江戸時代に付け替えられた人工河川のため、ほぼ真っ直ぐな流路をとります。しかし、大阪市住吉区杉本〜山之内と堺市浅香山を横切るあたりでは、流路が大きく南に蛇行します。これは大阪平野中央部を横切る上町台地に流路を通したために、少しでも標高が低い所を掘削した結果です。

上町台地から河口までの短い区間（約5km）でも標高は約8mの標高差があります。そのため、河口部でも水深が浅く、流速が早いため、海水が影響する感潮域の区間が非常に短くなります。2002年8月と10月の調査では、河口から2〜3kmくらい（大阪市新北島〜堺市堺区松屋大和川通付近）までしか海水の影響がないことがわかっています。〈中条〉

3-3 大和川流域の地質と河川の底質

大和川流域の地質は、山地部分に分布する花こう岩類、和泉層群、二上層群などと、平野・丘陵部に分布する大阪層群、段丘堆積層、沖積層に分けることが出来ます（巻末 附図3）。

花こう岩類は山地部分を中心に、大和川流域に広く分布します。「花こう岩類」という言い方をしたのは、この地域の岩石には花こう岩の他に、閃緑岩やはんれい岩などの深成岩、片麻岩などの変成岩が含まれるからです。これらの岩石は総じて風化作用をうけやすく、風化するとぼろぼろに細かく砕けます（図1-5）。

花こう岩類の他に、石川上流の和泉山地には少量の流紋岩類と白亜紀にたまった砂岩・レキ岩などからなる和泉層群の地層が分布します。そして、二上山の周辺などでは、約1500万年前に噴出した火山岩類からなる二上層群の岩石・地層が分布します。奈良市の東の山側にも、二上層群とほぼ同じ時期にたまった藤原層群や地獄谷累層の地層が分布しています。

一方、平野・丘陵部には約300万年〜30万年前にたまった大阪層群、石川流域に主に広がる段丘堆積層、そして大阪・奈良の平野部を構成する沖積層が分布します。これらの地層は、まだ固まっていないレキ層・砂層・粘土層からなります。

図1-5 風化してぼろぼろになった花こう岩（高取町）.

図1-6 花こう岩の巨レキと砂という両極端の土砂の底質からなる渓流（千早川・千早赤阪村）.

　ところで、大阪・奈良の府県境付近の亀の瀬付近では、二上層群の地層・岩石が地滑りを頻発することが知られています。最近では明治36（1903）年、昭和6（1931）年、昭和42（1967）年に大きな地滑りが起こっています。特に昭和6年の地滑りは渓谷を埋め、大和川が氾濫し大きな被害がありました。そのため、現在も大規模な地滑り対策工事が行われています（図版3図17）。

　これら地質の分布と大和川の底質は深く関わっています。周辺山地の大半がぼろぼろに風化しやすい花こう岩類からなるので、山地の岩石が直接露出する地域を除いては、大和川水系の底質の大半は砂からなります。渓流部でも、ゴロゴロした石ころが川原に広がることはあまりなく、花こう岩の巨レキと砂という、非常に両極端の粒径の土砂が底質になっています（図1-6）。

　しかし、石川流域は他の大和川の支流とは違い、たくさんの石ころからできた川原が広がります（図版4図23）。それは、石川流域が他の支流とは異なり、最上流部が

和泉層群からなること、大阪層群・段丘堆積層の分布範囲を広く横切ること、後背山地の標高が高いことなどがあげられます。和泉層群の地層はブロック状に大きく割れることが多く、これが川に供給されレキになります。また、大阪層群や段丘堆積層の中のレキ層には、風化に強いチャートや火山岩のレキが多く含まれます。大阪層群や段丘堆積層の地層が川によって浸食されても、これらの風化に強いレキは洗い出され川原にたまります。その結果、石川流域では石ころからなる川原ができるのでしょう。
〈中条・川端〉

4．大和川の水質

　大和川は国土交通省が発表する一級河川の水質ランキングで、毎年ワースト5に入っています。年によっては不名誉にもワースト1に輝くこともあります。しかし、「大和川は汚い」と言われても、下流域でも川底は見えるし、魚もたくさんすんでいます。国や大阪府が行う水質モニタリングでも、毎年水質がよくなっています。

　この国土交通省が発表する水質ランキングはBOD値によるものです。このBOD値とは、正確には生物化学的酸素要求量といい、水を生物が浄化するのに必要な酸素量のことです。BOD値は、水の中に有機物がたくさん含まれていれば高くなり、水質の富栄養化の指標ともいえます。水の中の有機物や栄養塩はプランクトンなど水の生きものには欠くことのできない必要なものです。高いBOD値が示す「汚い」とは毒による汚染ではなく、栄養塩や有機物がありすぎる「バランスの崩れた状態」を示しているのです。そこで、この私たちが実感しにくいBOD値ではなく、何がどれくらい大和川の水に含まれているのか自分たちで見ようと、「プロジェクトＹ水質班」では大和川水系の水質調査を行いました。

　この調査は、生物調査に先立つ2002年秋から始まりました。採水は100～150地点で、2年にわたり、1年に4度ずつ、同一地点から合計8回行いました。採水地点は大和川水系全体に広がっており、一部旧大和川水路であった淀川水系を含んでいます。分析項目は、いわゆる一般水質項目（主成分組成）です。界面活性剤や肥料・農薬など、自然にない人為起源物質は調べませんでしたが、硫酸・硝酸・リン酸イオンなどによる富栄養化に関する情報は得られるという見込みで分析を行いました。また、富栄養化の原因を明らかにするために、硫酸態硫黄と硝酸態窒素の安定同位体比を分析しました。この分析を行うために、約50地点で、2005年8月に9回目の採水を行いました。これらの調査・分析によって膨大なデータが集積されましたが、ここでは、環境との関係が、特によく現れている成分について説明します。

河川水を採水する時、水が保存できるようにするために、0.45μmメンブレンフィルターで濾過しました。するとフィルターには河川水中の懸濁物が残ります。そのときのフィルターの色を、予め作成した色列表で分類しました（図版4図26）。色列表は、茶系統（主として土壌や岩石片など）と緑系統（主として藻類）の2種類作成しました。茶系統には、汚濁が著しい場合には、有機物汚濁によるものも含むと考えられました。この結果によると、大和川水系では、季節によらず、緑系統の懸濁物を含む地点が多く認められました。しかし、初瀬川や石川の上流のように、水質が良好な場所では、茶系統の懸濁物をわずかに含むだけでした。このことは、常に水の流れがある渓流では、懸濁物には岩石質のものが卓越することを示しています。緑系統の懸濁物の主な原因であるケイ藻や緑藻類は、湖沼などの停滞水域で多量に発生することが知られています。緑系統の懸濁物が多いことは、大和川は水量が少なく、盆地や平野部で流れが停滞しがちであることを反映していると考えられます。特に、このことは、奈良盆地中央部で緑色が濃いことからも推測されます。4章で述べるように、奈良盆地の大和川本流・支流では、農業用の取水のために多くの堰があります。その結果、奈良盆地内では緑系統の色で表される懸濁物が多くなるのでしょう。このような停滞しがちな河川であることは、水質悪化しやすい条件を持つことになります。河川水中の溶存成分濃度は、冬期に比較的高濃度になるのに対して、8月は2年とも低濃度でした。これは、冬期の降水量が少なく、流量が少なくなるためと考えられます。しかし、2年間の同一時期であっても、必ずしも同じ傾向を示しているとは限らないため、比較的短期間の降水流入量が溶存成分濃度に関係している可能性が考えられます。そこで、採水時期ごとに塩化物イオン濃度の平均値を計算し、試料採取期間最終日までの2週間の降水量との関係を見ました（図1-7）。この図から、塩化物イオンと降水量にはよい負の関係が見られます。また、8月の河川水には、岩石から溶出する溶存ケイ酸濃度も低い値を示します。これらの事実から、夏季には河川に直接流入する降水によって溶存成分が希釈されていると解釈できます。

　大和川水系では、住宅密集地で溶存物質が増えています（図1-8）。奈良盆地では、住宅地が広がる富雄川と、支流が集まる盆地中央部の本流周辺で、どのイオンも高濃度を示す傾向があります。また、大阪平野に出ると、本流ではどこでも比較的高濃度ですが、特に、東除川と西除川の本流との合流付近で著しく高くなります。最大の支流である石川では、下流域ではなく、中流域に溶存成分濃度が高い地点が散在します。

　陰イオンの中でも、塩化物イオン濃度の分布は住宅密集地で明らかに高く、生活排水起源と考えられる調味料中の食塩が主な原因物質となっていることを示唆していま

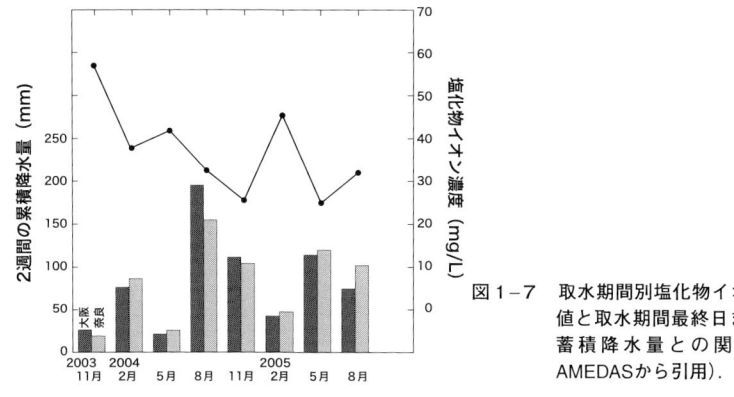

図1-7 取水期間別塩化物イオン濃度の平均値と取水期間最終日までの2週間の蓄積降水量との関係（降水量はAMEDASから引用）．

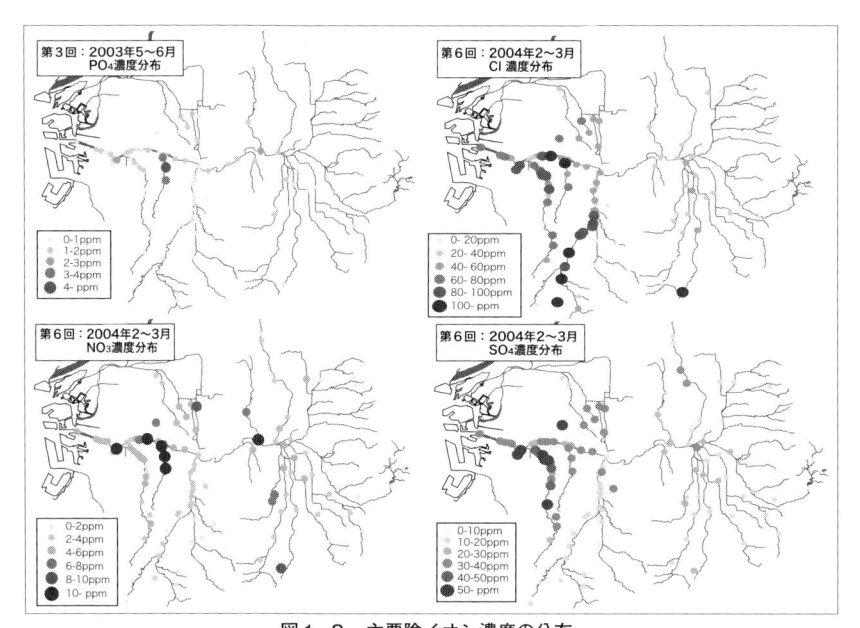

図1-8 主要陰イオン濃度の分布．

す。例えば、石川では、下流域より中流域の方が塩化物イオン濃度の高い地点が多くなります。石川本流の中流域には住宅地が多く広がることから、河川水を汚す大きな原因が生活排水であることを端的に示しています。下流域では農業地帯が比較的ひろがり、また山間部から流れる支流と合流し希釈されることで、塩化物イオンを始めとして、溶存イオン濃度が減少するのでしょう。

　硫酸・硝酸イオンの濃度分布は、塩化物イオンのものとおおむね一致しており、住

宅地域で高濃度になります。工場地帯の試料では、同一河川の住宅地に囲まれた地点で採水した試料よりも、これらの濃度が低下していることがあります。この現象は、前述の石川下流や西除川下流で見られます。これらのことから、硫酸・硝酸イオンが高濃度になる主原因も生活排水であることを示しています。生活排水中の硝酸イオンは有機物（つまり食品の残りなど）の分解から、硫酸イオンはし尿処理水などから供給されます（＊１）。東除川の下流では常に塩化物・硫酸イオンに比べて、硝酸イオン濃度が高くなります。また、奈良県では、硝酸イオン濃度が住宅地から離れた畑地で特異的に高濃度になることがあり、肥料に含まれる硝酸が原因と考えられます。硝酸イオン濃度は局所的な汚染源に影響されやすいため、東除川でも同様のことがおこっているのかもしれません。

　リン酸イオンの分布は塩化物イオンと必ずしも一致しません。塩化物イオン濃度が高い住宅地周辺では、リン酸イオンは比較的低濃度になります。高濃度のリン酸イオンは、畑地近くで採水したものに多く、他の陰イオンと異なり、冬期ではなく、春に高濃度となります。これらのことから、リン酸イオンは肥料に起源するものが多いと推定されます。リン酸イオンは、花こう岩地帯のようなリンを多く含む岩石の分布す

プロジェクトＹ 参加者の感想　水質班に参加して

　日本一汚いと名高い大和川、その下流域に住む私は以前から水質が気になっていたので「大和川を一緒に調査しましょう。小学生でもデータを取る事が出来ます」と言う呼びかけに飛びつきました。

　最初、参加者全員で採水の仕方や分析方法の指導を受け、各自の採水場所を決めてもらいました。50ml、または20mlの注射器に水を採り濾過しながらポリ瓶に100ml入れるのですが、夏になると不純物が増えフィルターが詰まり濾過しにくくなります。もう少しと力を入れると注射器を壊してしまったり、フィルターのセットが悪く隙間が出来ていて、20mlの注射器で５回目に失敗し、また一からやり直し。冬の寒くて風の強い時にはフィルターが風に飛ばされたりと、失敗しながらの採水でした。

　また分析にも参加させていただきました。30数年前メッキ液の分析の仕事をしていたので分析の仕方の要領は分かっていましたが、知らない人ばかりで「ワー　どうしょう」。内心ドキドキしましたが、化学の実験は大好きなので、頑張りました。

　アルカリ度は滴定で、ナトリウム、カリウム、カルシウム、マグネシウムは原子吸光で分析しました。原子吸光分析はコンピューターですぐ結果が出ますが分析の楽しみはありません。滴定分析は指示薬の色が終点になると一瞬に色が変わるので面白いのです。パソコンでのデータ入力も、教えてもらいながら挑戦しました。却って手間と時間をとってしまったようで申し訳なかったですが、私にはいい経験でした。この大和川のおかげでたくさんの経験をさせてもらいました。〈増田靜子〉

る場所で、特異的に検出されることがありますが、通常は河川水からは検出されません。大和川の源流域は花こう岩が分布する地域が多いにも関わらず、源流域の河川水からはリン酸イオンが検出されていません。このことから、住宅地の広がる奈良盆地中央部や大阪府域の広い範囲で、低濃度とはいえ、生活排水に由来するリンによる環境負荷があるといえます。

　硫黄同位体比の分析結果からは、岩石や土壌に含まれる硫黄（主として黄鉄鉱等の微量な硫化鉱物）と、明確な原因物質が不明な硫黄（日本のバックグラウンド値）が混合したと考えられる値が得られました。硫黄同位体比からは、化石燃料や洗剤等の人為汚染物質に由来する硫黄の影響は小さいことが示されます。窒素同位体比は3点しか分析できませんでしたが、化学肥料や排気ガスに由来するものと比較すると高く、生活排水や有機肥料に由来するものに一致する値が得られました。分析値が少ないのではっきりとはいえませんが、大気汚染等に比べると、周辺の土地利用による影響が大きいと言えるでしょう。〈益田〉

(*1)　一般的には硫酸イオンが河川水中へ溶け込むのは、化石燃料の燃焼により大気中に含まれた硫酸塩が雨水により供給されたもの、岩石などから溶け出したもの、海水および温泉水の混入、化学肥料などに含まれるものが原因とされています。しかし、今回の分析結果からは生活排水起源が示唆されるため、し尿処理水などからの流入を推定しました。

● コラム

プランクトンからわかる大和川の自然

　プランクトンとは、海や川、湖など水中に漂って生活している生き物の呼び名です。ほとんどの種類は目に見えるか見えないかくらいの大きさで、泳ぐことができないか、できてもその力が弱く、水の流れに身をゆだねて移動します。

　大和川の上流から河口までの支川を含めたさまざまな場所には、どんなプランクトンが棲息しているのでしょうか。2004年から2005年にかけて、季節ごとに計4回、図1-9に示した10箇所で採集を行い、顕微鏡を使って普段は目にすることのできないプランクトンの種類について調べました。

　大和川最上流部にある初瀬ダムのダム湖であるまほろば湖では、夏にはアオコ（藍藻類が増殖し水面に密集した状態）の原因となる植物プランクトンのアファニゾメノン・フロスアクアエが多かったほか、渦鞭毛藻類のツノモの仲間（ケラチウム・ヒルンディネラ：図版4図27）、群体性緑藻類のオオヒゲマワリモ（ヴォルヴォックス・アウレウス）などがまほろば湖でのみ確認されました。動物プランクトンも、河川の調査地点に多かった原生動物や袋形動物は少なく、ミジンコの仲間が優占（多数を占めていること）しており、ダム湖内のプランクトン相は河川の流域とは異なっているようすが明らかになりました。

　ダムのすぐ下流の参宮橋付近は、まほろば湖と優占種が共通しており、両調査地点のみで確認された種類もあるなど、ダム湖から流下したとみられるプランクトンで占められていました。

　参宮橋を除く河川流域の調査地点についてみると、四季を通じて多かったのは、植物プランクトンでは、緑藻類のイカダモの仲間（セネデスムス・クァドリカウダ：図版4図28）、珪藻類のコアミケイソウの仲間（キクロテラ・アトムス、キクロテラ・メネギニアーナ：図版4図29）などでした。これらの種類は水中を漂う浮遊性の種類であり、河川の緩やかな流れの中で増殖したか、もしくは周辺の池沼で発生したものが河川に流れ込み、流下していたものでしょう。一方、川底の石の表面などに付着して生育している珪藻類のフナガタケイソウの仲間（ナヴィキュラ・グレガリア）やツメケイソウの仲

図1-9　プランクトンの調査地点．

● コラム

間（コツコネイス・プラセンツラ）、ササノハケイソウの仲間（ニッチア・パレア）なども確認されました。これらが優占する調査地点はやや流れのある場所であったことから、河床の石礫から剥れ落ち、流下したものと思われます。動物プランクトンは、肉質鞭毛虫類のツボカムリの仲間（セントロピクシス属）、付着性繊毛虫類のツリガネムシの仲間（エピスティリス科：図版4図30やツリガネムシ科）が優占し、春と夏にはこれらに加えて輪虫類のツボワムシの仲間のツボワムシやカドツボワムシが多くみられました。

大和川の河口付近では大阪湾の海水と川の水とが混じりあう汽水域が形成されており、淡水性の種類のほかに、海水性・汽水性のプランクトンが出現しています。植物プランクトンでは藍藻類のアファノテーケ・ハロフィティカ（図版4図31）、珪藻類のスケレトネマ・コスタツムやキートケロス・コスタツム、動物プランクトンでは繊毛虫類のビンガタカラムシ、甲殻類のかいあし類の仲間（パラカラヌス・パルヴス、オイトナ・ダヴィサエ）、また季節によってはフジツボ類、ゴカイ類、二枚貝類などのプランクトン幼生が確認されました。

今回の調査では、全部で159種の植物プランクトンと89種の動物プランクトンが記録され、大和川には予想以上にたくさんの種類がいることがわかりました。プランクトンの中には水質のきれいなところにだけ棲むもの、逆に汚れた水質に棲むプランクトンなど、水質との関係性が知られている種類（指標性種）がいくつかあります。このような指標性種に着目してみると、貧栄養型のものから富栄養型（汚濁性）に至るまでのさまざまなタイプが含まれています。このことから大和川にはきれいな所もあれば汚いところもある、つまり「汚いだけ」の川ではないことがわかります。全体としては富栄養型・中栄養型の種が多く、河川域はおおよそ富栄養〜中栄養段階、まほろば湖ではアオコの発生する高水温期を除けば中栄養段階の水域の特徴を示しています。
〈金山・木邑・山西〉

2章
特選大和川観察ポイント

　大和川の自然を満喫する、源流から河口までいくつかのコースをここで紹介します。巻末の附図4に示した地図を合わせてご覧下さい。渓流あり、里山あり、河口あり、植物、昆虫、魚、鳥など様々な生き物を大和川で観察することができます。ぜひ一度、大和川の自然を味わいに行きませんか？〈中条・和田〉

●畦（あぜ）や水田に踏み込まない、ゴミを捨てないなど観察のマナーを守りましょう。また、〈交通〉は2006年7月時点のものです。

❶ 福住（図版1図2）
美しい水田と林が広がる大和川源流部
　大和川の源流部にあたる天理市福住から桜井市小夫周辺は、美しい水田と林が続きます。水田の間を流れる水路は、大和川の始まりになります。水田の生き物が豊富に見られ、冬はヤマアカガエルが、春〜初夏にはシュレーゲルアオガエルやトノサマガエルをはじめとしたカエルの大合唱を聞くことができます。初夏にはゲンジボタルやヘイケボタルの乱舞も見られます。
〈交通〉近鉄・JR「天理」駅から奈良交通バスで「国道福住」バス停下車、または近鉄大阪線「長谷寺」駅から桜井市コミュニティバスで「小夫」バス停下車。

❷ 初瀬（図版1図3）
豊かな照葉樹林と門前町を流れる大和川上流
　長谷寺駅を降り立つと、正面にこんもりした木々が茂る山が見えます。天然記念物にも指定されている「与喜山暖帯林」は、豊かな照葉樹林です（P86参照）。初夏には豊かな照葉樹林にしかいない、ヒメハルゼミの声を聞くことができます。与喜山の前には大和川上流部にあたる初瀬川が流れています。川にはカワニナやマシジミなどがたくさんすんでおり、初夏にはゲンジボタルも見られます。初瀬橋の下にはイワツバメの繁殖コロニーがあり、イワツバメが飛び回る姿が見られます。長谷寺駅東の棚田では、マルタニシやトノサマガエルなど、水田の生き物も観察できます。
〈交通〉近鉄大阪線「長谷寺」駅下車、徒歩。

3 菩提仙川（図版1図4）
清酒発祥の地の自然

　菩提仙川は奈良盆地東縁の山地を下る代表的な大和川の支流です。最源流は茶畑や水田の広がる緩やかな丘陵で、しばらく川を下ると奈良盆地東縁の断層崖にあたる急坂になります。かつてたくさんの寺院が並んだとされる川沿いには、古い石積みや石塔が残っています。清酒発祥の地とされる正暦寺周辺にはムササビが生息しています。正暦寺を過ぎると、再び川は緩やかになり、川にはドンコやカワムツなどの姿を見ることができます。水田ではカブトエビやホウネンエビが、水路ではマシジミやカワニナが観察できます。

〈**交通**〉下りコースならJR「奈良」駅または近鉄「奈良」駅から奈良交通バスで「田原御陵前」バス停下車。登りコースなら同駅から奈良交通バスで「窪之庄南」バス停下車。

4 奈良公園〜春日山・能登川（図版1図5）
タゴガエルがたくさん

　奈良公園を東へ、まずは春日大社を目指しましょう。途中にはシカがたくさんいて、下にはルリセンチコガネが転がっていたりします。糞虫が好きなら探せば色々見つかります。春日大社の手前を南へ。公園を出るところで横切るのが能登川です。今度は能登川沿いに東へ。これは柳生に抜ける道で、途中から春日山に入る道と分かれます。春日山は大和川水系有数の照葉樹林で、7月にはヒメハルゼミの合唱も聞かれます。林床や能登川沿いにはタゴガエルが多く、姿も声もたくさん楽しめますが、ヤマビルが多いので足下には要注意。

〈**交通**〉近鉄・JR「奈良」駅下車、徒歩など。

5 富雄川源流部（図版2図6）
大和川水系で一番の里山風景

　のどかな里山風景が残っている地域です。浅い谷沿いには美しい棚田が残っています。春先にはシュレーゲルアオガエルがたくさん鳴きます。小さなため池が散在していて、スジエビやオオタニシが見られます。ミズカマキリやタイコウチも簡単に見つかります。ため池には、タイリクバラタナゴが多く見られます。アメリカザリガニも多く、こうした美しい里山にも移入種の影響が及んでいることがわかります。さらに、ここには大きな道路が通る計画が進んでおり、この美しい自然の多くは数年の内に失

われてしまいそうです。
〈交通〉近鉄奈良線「富雄」駅から奈良交通バスで「傍示」バス停下車。

6 矢田丘陵北部（図版2図7）
ニホンアカガエルの卵塊が見られる

　バス停を降りて、西に向かうと子どもの森です。林の中を南西方面に歩いていくと池に出ます。峠池です。2〜3月頃、この池の縁の水たまりには、ニホンアカガエルの卵塊がたくさん産みつけられます。

　バス停から南へ大和民俗公園の方に向かいましょう。水田や周辺の水路には、さまざまな淡水貝が見られます。大和民俗公園の北の大谷池にはオオタニシがいます。シュレーゲルアオガエルなどカエル類も豊富です。

〈交通〉近鉄奈良線「富雄」駅、又は「学園前」駅から奈良交通バスで「若草台」バス停下車。

7 飛鳥川（図版2図8）
史跡巡りといっしょに大和川観察

　明日香村石舞台周辺の飛鳥川は、史跡巡りだけでなく、自然観察のスポットとしてもいい場所です。川にはカワヨシノボリやカワムツなどがたくさん泳ぎ、初夏にはゲンジボタルの乱舞も見られます。やや上流に上ると、有名な稲渕の棚田が広がります。秋の稲穂が実る時期の風景は非常に美しく、一見の価値ありです。

〈交通〉近鉄南大阪線「橿原神宮前」駅または吉野線「飛鳥」駅から奈良交通バスで「石舞台」バス停下車。

8 山辺の道（図版2図9）
カキを食べながら散策

　駅を出て山手に向かうと、山際を南北に走る山辺の道に出会います。この道を北に向かって歩きましょう。道路案内は万全で、季節がよければ平日でも多くの人が歩いています。山際のため池、古墳、水田、細い川、社寺林が繰り返し登場します。トノサマガエルなどのカエル類、カワニナ、ヒメタニシなど水辺の生き物が楽しめます。秋に歩けば、ひとつ10円や一盛り100円のカキの実をあちこちで無人販売しています。

〈交通〉JR桜井線「三輪」駅、「巻向」駅下車、徒歩など。

9 葛城古道 （図版2図10）
奈良盆地を見渡しながら歩く

　風の森のバス停を降りたら、金剛山・大和葛城山の山麓の扇状地を横切るように北に向かって歩きましょう。道路案内に従って歩くと、社寺と葛城川上流の支流をいくつもたどるコースになります。高鴨神社、高天彦神社、極楽寺、一言主神社、九品寺と由緒ある社寺を巡って歩きます。極楽寺辺りまでは、高台を歩くので奈良盆地のすばらしい眺めが楽しめます。社寺の間には、棚田やため池が散在し、ドブガイやタニシを探したり、水田でカエルを観察しながら歩くことができます。一言主神社か九品寺から、田んぼの間を歩いて御所駅に向かうと、水路やため池には、トノサマガエルやカワニナが多く、ドジョウなどの魚も観察できます。また、思わぬ場所でマルタニシが見つかったりします。

〈交通〉近鉄御所線「御所」駅から奈良交通バスで「風の森」バス停下車。

10 曽我川 （図版2図11）
水路と吉野川分水も見所

　御所市～高取町周辺の曽我川流域では水路網がよく発達しています。曽我川から引かれた水路には、淡水貝や水草が豊富に見られ、大和川水系随一の観察スポットでしょう。また、民家の敷地内を水路が流れたり、玄関先から水路に下りる階段があったりと、生活と水が密接に関わっていたことがわかります。曽我川では魚や水草だけでなく、運が良ければスッポンが泳いだり甲羅干しをしているのを見ることができるでしょう。この地域は、吉野川分水（P6参照）が最初に奈良盆地に入る地域で、曽我川の南東丘陵部では吉野川分水が流れているのが見られます。

〈交通〉近鉄吉野線「市尾」駅または「葛」駅で下車、徒歩。

11 寺川と桜井市街の水路網 （図版2図12）
水路のネットワークと生き物

　桜井市街の初瀬川と寺川の間には、複雑な水路網が張り巡らされています。現在では多くの水路がコンクリートの三面張りですが、一部では素堀の用水路が残されており、水路の生き物が観察できます。水路にはたくさんの淡水貝、魚が観察され、まれに本流から迷い込んだスッポンやイシガメを見ることができます。また、ホザキノフサモ、コカナダモ、オオカナダモ、ヤナギモ、エビモといった大和川水系の主な沈水性の水草が見られます。寺川では悠々と泳いでいる大きなナマズをはじめ、カマツカ

やドンコなど中流域の魚がたくさん観察されます。生き物だけではなく、川と水路のネットワークによる灌漑が今なお残っている地域でもあり、注目したいポイントです。
〈交通〉近鉄大阪線「桜井」駅または「大福」駅下車、徒歩。

12 橿原神宮深田池 （図版2 図13）
奈良盆地唯一のカワウの繁殖コロニー
　深田池にはカワウの繁殖コロニーがあります。営巣木を切られ、営巣数はやや減りましたが、2005年には150巣以上での繁殖が確認されています。巣がかかっている木は、カワウの糞で真っ白になっています。繁殖は2～7月頃に見られますが、その他の季節も集団ねぐらとして利用されます。夕方になると、いろんな方向からカワウが次々と帰ってくるのを観察できます。また冬には、周辺に数千羽のカラスの集団ねぐらができるので、夕方になると黒い鳥がたくさん見られます。カワウだけでなくアオサギなどのサギ類の繁殖コロニーや集団ねぐらにもなっています。冬にはヒドリガモなどの水鳥も見られます。
〈交通〉近鉄吉野線・橿原線「橿原神宮前」駅、「橿原神宮西口」駅で下車、徒歩。

13 富雄川合流から飛鳥川合流付近の大和川 （図版3 図14）
合流点のカワウの黒い集団
　富雄川合流付近には広い河川敷がひろがっています。浅瀬にはサギ類やカモ類が見られ、草地にはカヤネズミが生息しています。曽我川と大和川の合流付近には、カワウの集団ねぐらがあります。昼間でも周辺にたむろしているので、カワウを見るには絶好の場所です。近くの広瀬神社はアオサギの繁殖地になっています。
〈交通〉JR奈良線「法隆寺」駅で下車、徒歩。

14 大輪田周辺の大和川 （図版3 図15）
風情のある沈下橋と奈良盆地の大和川
　王寺町～安堵町周辺の大和川は、奈良盆地内では少ない砂州があり、河川敷にはヨシ原が広がります。たくさんのコイとミシシッピーアカミミガメの中、スッポンやナマズ、モクズガニなどを見ることができます。ヨシ原では、カヤネズミの巣を観察できるとともに、オオヨシキリやセッカなど、河川敷を代表する鳥たちの姿を見ることができます。大和川水系で唯一の沈下橋も風情があって、のんびりと時を過ごすことができます。

〈交通〉JR大和路線「王寺」駅または「法隆寺」駅で下車、徒歩。

15 亀の瀬渓谷 （図版3図16・17）
大阪・奈良をつなぐ交通の要所と地滑り

　亀の瀬渓谷は大和川が奈良盆地から大阪平野に出る間の急流部です。亀の瀬渓谷では大規模な地滑り対策工事が行われており、その様子を見学することができます。深い集水井や排水トンネル、地滑りを監視する歪み計、地滑りによって傾いた神社が基礎を継ぎ足して真っ直ぐにしている様子などを見ることができます。
〈交通〉JR大和路線「河内堅上」駅または「三郷」駅で下車、徒歩。

16 滝畑
石川上流の美しい渓流

　滝畑から上流の石川は、大和川水系では数少ない渓流です。滝畑周辺にはいろんな観察コースがありますが、ここでは3つのコースを紹介します。
【横谷】（図版3図18）滝畑ダムをわたる夕月橋から東への道を進み小さな峠を越えると、石川本流からひとつ東の谷・横谷に出ることができます。横谷の集落では茅葺き屋根の残る民家や谷間に広がる水田など、大阪ではもはや少なくなった風景が広がります。谷ではカジカガエルやタゴガエルの声が聞かれます。また、岩石と谷地形の変化が関連しており、開けた谷・急峻な谷と岩石の違いを見比べてみるのも面白いでしょう。
【荒滝・御光滝】（図版3図19）光滝寺キャンプ場からやや登ったところで、右に道を曲がると、荒滝・御光滝へと向かうコースになります。和泉層群のレキ岩・砂岩の互層でできた大小様々な滝のそばでは、夏でも涼しい空気が流れています。荒滝付近では簡単に川に下りることができ、ヒメドロムシやカワゲラ・トビケラなどの水生昆虫の観察ポイントです。もちろん、カジカガエルやカワガラスなどの渓流を代表する生き物の観察にもうってつけです。
【蔵王峠】（図版3図20）やや距離が長いですが、石川源流の蔵王峠はぜひ見ておきたいポイントです。石川に沿って上っていくと、ムカシトンボやムカシヤンマが渓流沿いを飛び交い、カジカガエルの鳴き声が谷間を響かせます。タカハヤやカワヨシノボリなど渓流を代表する魚が川を泳ぎ、カワガラスが水面すれすれを飛んでいきます。また、他の大和川水系の上流部にはない、岩の間からしみ出す豊富なそして冷たい湧水が見られます。蔵王峠に出ると、なんと石川最源流にも水田があることに驚かされ

ます。水田にはシュレーゲルアオガエルやトノサマガエル、ドジョウなど低地の水田と同じような生き物を観察することができます。
〈交通〉近鉄・南海「河内長野」駅から南海バスで「滝畑ダム」バス停下車。

17 流谷 （図版3 図21）
カエルがいっぱい

　田んぼに水の入った頃に行くと、様々な水辺の生き物が観察できます。水路に水がたくさん流れていて、ふと見ると石垣に灰色のニホンアマガエルが付いています。田んぼにはトノサマガエルやヌマガエルがたくさんおり、イモリも見られます。シュレーゲルアオガエルがクリリリ、クリリリと鳴く声も聞こえてくるかもしれません。初夏の夜はゲンジボタルも見られます。また、春はアマナやキジムシロ、秋はワレモコウなどの里草を楽しめます。
〈交通〉南海高野線「天見」駅で下車、徒歩。

18 石川中流・富田林 （図版4 図22）
カヤネズミの巣がいっぱい

　石川も富田林辺りになると、流路の幅も狭くなってきます。一方、高水敷などは広く、一部はグランドになっていますが、比較的広い草地が残っています。この草地には、たくさんのカヤネズミが暮らしています。カヤネズミの巣は、ススキなどの草についた球巣です。秋を中心にたくさんの球巣が見つかります。その他、草地の好きな鳥が多く、初夏にはオオヨシキリやセッカの声が楽しめ、冬にはカシラダカやホオアカなどのホオジロ類が期待できます。
〈交通〉近鉄長野線「富田林」駅、「川西」駅、「滝谷不動」駅などで下車、徒歩。

19 大和川・石川合流点 （図版4 図23・24）
イカルチドリを探そう！

　広い河川敷があり、水辺にも降りやすく、河川の生き物を身近に観察できます。大きなコイやナマズがよく泳いでいます。6月頃、水際に網を入れると小さなナマズがすくえます。この頃は、モクズガニの遡上の季節で、水中の石をひっくり返すと小さなモクズガニが見つかります。水際にはカメ類が多く、ミシシッピーアカミミガメやクサガメの他に、スッポンも見られることがあります。カワウやカモ類、サギ類もよく見られますが、ここのお薦めは、イカルチドリです。大和川水系では、この周辺で

しか見られません。川原の石ころを見ると、花こう岩、砂岩・レキ岩・チャートなどの堆積岩、安山岩・流紋岩などの火山岩など、大和川水系に分布する岩石の種類のほとんどがあります。

〈交通〉近鉄南大阪線「道明寺」駅、「古市」駅、柏原線「柏原南口」駅などで下車、徒歩。

20 大和川河口 (図版4 図25)
カモメ類の大群が見られる

真冬の最大時には3000羽を超える大阪湾岸有数のカモメ類の集結地点です。夏はウミネコが中心で、冬はユリカモメを中心に、カモメ、ウミネコ、セグロカモメ、オオセグロカモメと大阪で見られるカモメ類がそろいます。その他に、サギ類やカモ類などの水鳥や、ミサゴ、ハヤブサ、チョウゲンボウなど猛禽類も期待できます。魚では大きなボラやメナダの群れ、川底をマハゼ、ヒメハゼなどのハゼの仲間、クロダイの稚魚やスズキなど海から上ってくる魚が泳いでいます。干潟やヨシ原周辺には、クロベンケイガニが多く、ケフサイソガニやハマガニも見られます。春から初夏には川を上るシラスウナギやまだ小さなモクズガニもたくさん見られ、テナガエビも見つかります。

〈交通〉南海本線「七道」駅または地下鉄四つ橋線「住之江公園」駅下車、徒歩。

図2-1 大和川河口の干潟．

プロジェクトY 参加者の感想　大和川完歩～源流から河口まで

　よく見慣れているにもかかわらず全国で五本の指に入る汚れた川、そんなイメージしかない大和川。でも本当のところはどうなのか自分の目で確かめてみたい、そんな気持ちから博物館の「大和川シリーズ」の行事に参加させていただきました。その中でも特に、数回に分けて源流部から河口まで歩いた時は、毎回新鮮な驚きがありました。

　まず、源流がテレビでよく見るような景観と違い、比較的ひらけた場所で流れが水田の中に消えていったのはビックリさせられました。さらに河床は、頭の中で描いていた渓流とは違い、花こう岩が風化し真砂になり流れこんだ砂の川だったのです。

　長谷寺をすぎ三輪の辺りからは、奈良盆地の水田の間をのどかに流れている、なんとなくそんな気がしていたのですが、実際歩いてみると、所々に堰が設けられ、あたかもため池が数珠つなぎになった状態で、よどんだ感じをうけました。

　奈良と大阪の境の三郷あたりの亀の瀬では土砂崩れを防止するための大規模な工事現場に立つことができ、奈良盆地を流れてくる川が一本になって大阪平野に向かっていくのを実感することができました。

　そのほかにも現地に出かけてみて色々とわかったことがありましたが、特に強く感じたのは、良きにつけ悪しきにつけ大和川が生活臭のする川だということでした。

〈魚住敏治〉

3章
大和川水系の水辺の生き物

1．魚類

　大和川水系の魚類相についての詳しい調査はあまり多くありません。1930年代の調査以降、公的には1970年代後半開始の「緑の国勢調査」（環境省）や1990年代からの「河川水辺の国勢調査」（国土交通省）と、府県による付随的な報告くらいです。この他は、全く個人の努力による奈良盆地（1990年代以降）と石川水系（1960、1980年代）の調査があるのみです。自然の変化を考えるためには、過去の記録が重要です。たとえ不十分な調査であっても、そのもとになった標本があれば活用出来ます。しかし、残念なことに多くの行政による調査の場合、標本がなく、資料としての価値はあまりありません。

　そこでここでは、今回の調査で得られた2002年以降の標本情報と、1998年と1999年に寄贈などで博物館に収蔵された標本情報を加えたものをもとにして、ここ数年間の大和川水系の魚類の分布状況について紹介したいと思います。

　海と接する河口部は、海の潮が入り、真水だけの上流側とは、環境が異なり、棲んでいる生き物の様相もかなり異なります。ここでは、海との接点である河口域と中流域、上流域にわけて紹介します。

1-1　河口域

　海水と川の真水が混じり合うところを汽水域といいます。このようなところでは、比重の大きい海水が真水の下に楔（くさび）のように徐々に入り込んでいくため、汽水域と淡水域の境界がはっきりわかりません。大和川で汽水の影響が及ぶのは阪堺大橋（大阪市住之江区〜堺市堺区、河口から約2.5km）のやや下流付近までとかなり狭い範囲です（1章参照）。この橋を基準とし、それより下流側を河口域と呼ぶことにしました。河口域では主に海で生活する魚種が偶然入ってくる場合も多く、魚類相の全体像は把握できませんが、以下に紹介する8種類の魚がよくみられました。他にも、ウナギ、クロダイ、シマイサキ、カワアナゴ、イシガレイが採集されています。河口域のすぐ上にすむ淡水魚も増水で流されてきます。

■ボラ類（図3-1、図3-3）
（ボラ、メナダ、セスジボラ）
〈特徴〉　　　　　　　　　　　　　　　　　　　　　　　　　　　河　　口
・河口域の水面ではねているのはこれらの魚。
・ビール瓶状の体、二つの背鰭と後ろの背鰭と対をなした臀鰭が共通。目や胸の模様、背中の隆起などで区別。

　これら3種類は大和川を含め各地の河口部でふつうに見られる種類です。ボラは大和川の汽水域の魚の中では最も上流にあがるようで、完全に淡水域の新明治橋（河口から約13km）まで採集できました。50cmを越えて成長するボラやメナダは川岸や橋の上からでも見ることができます。春に河口域で群れをなす数cmの白銀の魚の群れは、たいてい、ボラのようです。大きくなるボラやメナダは本来おいしい魚ですが、付着藻類や水底で泥の間の有機物

図3-1 ボラ（上，60cmになる），メナダ（中，100cmになる），セスジボラ（下，30cmになる）．

図3-2 スズキ（100cmになる）．

図3-3 ●メナダ最上部，○ボラ最上部，▲スズキ最上部，△マハゼ最上部．

を食べるために、環境の影響を強くうけ、残念ながら大和川のものは泥臭くて食べられないのが現状です。実際に試食したところ、肉そのものは味があっておいしいのですが、臭いが鼻につきました。

■スズキ（図3-2・3）

〈特徴〉　　　　　　　　　　　　　　　　　　　　　　河　口
・阪神高速湾岸線から海寄りでは普通、ルアー釣りの対象にも。
・大阪近辺では、小さなものからセイゴ（<30cm）、ハネ（<60cm）、スズキと呼び方がかわり、100cmくらいまで成長。成魚はエビや魚を食べる。

JR阪和線の鉄橋付近（河口から約6km）より下流で採集されました。この鉄橋付近は完全な淡水域です。

図3-4 アベハゼ（3cmになる）．　　図3-5 チチブ（10cmになる）．

■ハゼ類（図版5図32・33、図3-3・4・5）
（マハゼ、ヒメハゼ、アベハゼ、チチブ）

〈特徴〉　　　　　　　　　　　　　　　　　　　　　　　　　　　　河　　口
・河口に普通。
・腹鰭が吸盤状になっている。

　マハゼ、ヒメハゼは開けた砂底、アベハゼ、チチブは石の下などを好み、河口部で一般的に見られる種類です。マハゼがボラと同様かなり上方（瓜破大橋付近、河口から約11kmで採集）まであがるのに対し、ヒメハゼは河口域でも海寄りに分布します。大和川の河口域には隠れ家になる石などが少ないため、よく見かけるのはマハゼとヒメハゼです。

1-2　淡水域（中流域）

　河口域以外の淡水域では31種類（表3-1）が見られました。ほとんどが、一生を真水で暮らす純淡水魚ですが、ウナギやアユなどの回遊魚も含まれます。

　河口域を除いて、大阪側では河内平野の東側、奈良側では奈良盆地を囲む山地の麓ないし中腹までたいていの流域が中流域です。ところどころに波立ちがあって淵と瀬が交互に続きます。大和川では西日本の河川中流域を代表する魚類が見られました。中流域の下流寄りでは、川は砂底で浅い瀬が広がり、コイ、オイカワ、カマツカなどが見られます。普段は淵などにすんでいるナマズなども春から夏にかけての産卵期には、浅瀬で見られることがあります。また、所々にあるタマリ（水量が通常時、河原にある水たまり。増水時には本流とつながる）、増水時には本流とつながる水路などには、タモロコやメダカなどもすんでいます。上流寄りは魚やカニなどの隠れ家になるような岩や淵が現れ、ドンコなどが見られるようになります。

■アブラボテ（図3-6）

〈特徴〉　小川・水路
・奈良盆地初記録！
・コイ科タナゴ類。タナゴ類はふつう銀白色だが、この種類は茶色。マツカサガイやドブガイに卵を産みつける。7cmになる。

　奈良盆地では、正確な記録がなく、今回の調査で初めて分布することがわかりました。採

表3-1 大和川水系淡水域で採集された魚類
（川をのぼる河口域の魚を除く）．
1998、1999年および2002年〜2006年．

和名	科名	備考
ウナギ	ウナギ科	
アユ	アユ科	
コイ	コイ科	
ギンブナ	コイ科	
アブラボテ	コイ科	
タイリクバラタナゴ	コイ科	移入種
オイカワ	コイ科	
カワムツ	コイ科	
ヌマムツ	コイ科	
アブラハヤ	コイ科	
タカハヤ	コイ科	
モツゴ	コイ科	
ムギツク	コイ科	
タモロコ	コイ科	
カマツカ	コイ科	
ニゴイ	コイ科	
イトモロコ	コイ科	
ドジョウ	ドジョウ科	
シマドジョウ	ドジョウ科	
ナマズ	ナマズ科	
カダヤシ	カダヤシ科	移入種
メダカ	メダカ科	
タウナギ	タウナギ科	移入種
ブルーギル	サンフィッシュ科	移入種
ブラックバス(オオクチバス)	サンフィッシュ科	移入種
ドンコ	ドンコ科	
ゴクラクハゼ	ハゼ科	
トウヨシノボリ	ハゼ科	
カワヨシノボリ	ハゼ科	
ヌマチチブ	ハゼ科	
カムルチー	タイワンドジョウ科	移入種

図3-6 アブラボテ（7cm）．

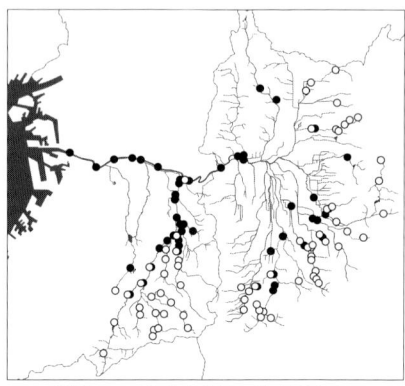

図3-7 ●オイカワ，○カワムツ．

集地は保全上の理由から非公開とします。コンクリートで固められていない昔からの土の水路で採集され、同時に産卵のための貝であるマツカサガイも発見されています。地域の人の話によると、アブラボテは昔からいたそうで、愛好家の放流に由来するものではなさそうです。

■オイカワ類（図版5 図34・35・36、図3-7）
（オイカワ、カワムツ、ヌマムツ）

〈特徴〉 小川・水路　本　　流

・オイカワは横縞が特徴。産卵期の雄は緑や赤の模様がきれい。
・カワムツは1本の縦縞が特徴。
・ヌマムツはカワムツ同様、1本の縦縞を持つが、胸鰭と腹鰭の前の縁が赤いので区別できる（カワムツは黄色）。
・いずれも12〜13cmになる。

　オイカワとカワムツは大和川水系全体に広く分布しますが、オイカワは平野部の開けた河川に、カワムツは山寄りに分布します。オイカワは大阪側では多くの場所で見られましたが、奈良盆地の中央部ではあまり見られませんでした。奈良盆地の中央部の河川は、オイカワの産卵時期の春から夏にかけ、ゴム堰（4章参照）によって川が堰き止められ、オイカワの好

— 30 —

む浅瀬がなくなります。オイカワがいないのはゴム堰と関係があるからかもしれません。ヌマムツは分類学的にカワムツと同種とされていましたが、近年別種とされました。ヌマムツはカワムツに比べて平野よりの河川や、湖沼に分布するということですが、今回の調査では奈良盆地の北西部や南西部で採集されました。

プロジェクトY参加者の感想　プロジェクトY魚班に参加して

　50年余りの釣歴を生かせると思い、魚班に参加いたしました。調査担当エリアは、本流下流域（堺市浅香山周辺）。

　大和川での釣りの経験はなく、まず手始めにコイ釣りからスタート。コイ釣りを楽しみながら、浅香山周辺で、どんな魚が生息しているのか、釣り人から情報入手に努めました。

　釣り人の多くは、水深があり、魚影の濃い西除川との合流地点の周辺に集中していました。当然、本流に比べて水質が悪く、コイとフナ以外の魚種は少ないだろうと思っていました。ところが、多くの釣り人の情報から浅香山周辺には20種類以上の魚が生息していることが判明。正直いって驚きでした。

　しかし、コイ、フナ、ボラ、ハゼ以外は個体数が非常に少なく、案の定苦戦の連続。大好きな釣りですから、魚種にあった仕掛けづくりや、エサの工夫など魚との知恵比べが続きました。

　平成15年5月からの釣行回数は120回を超え、3年がかりで、釣友の協力もあって、何とか約20種の魚を採集することができました。巨大ウナギ、スズキ、カムルチーの採集には手こずりましたが、コイ釣りの外道として、カガミゴイやカワチヒブナ等の珍しい魚にも出会うことができました（編注：改良品種のためリスト不掲載）。

　この3年の間に、魚班の合同調査への参加や、魚の同定、標本づくりの勉強もさせていただきました。そして何よりもうれしかったことは、プロジェクトYの関係者の方々や多くの釣友との出会いです。

　浅香山周辺の釣り人は、70歳を越えた方が多く、釣りを生き甲斐とされ、又お年寄りの憩いの場にもなっています。地元の古老から、昔の大和川の様子や子どもの頃の思い出を聞くのも楽しみでした。

　浅香山周辺では、1年中ボラの群泳がみられ、5～6月になればシラスウナギやハゼが多数上ってきます。又、昨年、アユの天然遡上が初めて確認されました。

　大和川の魚は、厳しい生息環境の下流域でも汚濁にもめげず逞しく生きています。大和川の色んな生き物を知ってもらうことが、"環境を守ることの大切さ"を再認識していただく一助になれば幸いです。〈岩崎靖久〉

■ モツゴ（図3-8・9）
〈特徴〉 小川・水路　本　　流　　　　　　　　　　　　た　め　池
・口が小さく、体に1本の縦縞がある（産卵期は黒っぽくなって縞は消える）。

平野の河川本流脇のタマリ、水路、ため池などに分布しています。

■ ムギツク（図3-8・10）
〈特徴〉 小川・水路　本　　流
・体に1本の太い縦縞がある。背中側から見ると口の幅がとても広いのが特徴。10cmになる。

奈良盆地の南部の河川で見られました。この魚はドンコなどが作った巣に卵を産み付けて、ふ化させ、仔魚を守ってもらうという習性があるそうですが、ムギツクの分布と奈良南部のドンコの分布は似通っています。なお、曽我川の本種の分布は、吉野川分水（P8参照）によって吉野川水系から侵入した可能性が強いとする報告があります。

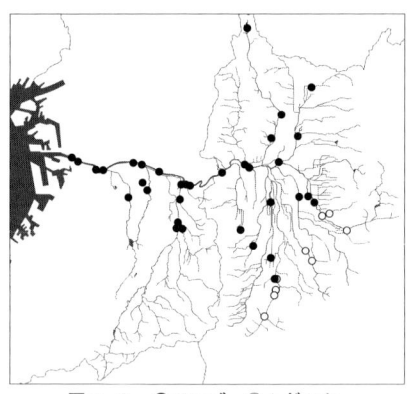

図3-8　●モツゴ，○ムギツク.

図3-9　モツゴ（石川）.

図3-10　ムギツク（曽我川）.

■ タモロコ（図3-11・12）
〈特徴〉 小川・水路　本　　流
・名の通り琵琶湖固有のホンモロコによく似るが、太短く、体の腹側に2～3本の縦縞があるので区別できる。8cmになる。

奈良側も大阪側も平野部から山のふもとにかけての川の本流わきのタマリや水路にかけて生息します。

3章　大和川水系の水辺の生き物

図3-11　タモロコ（石川）.

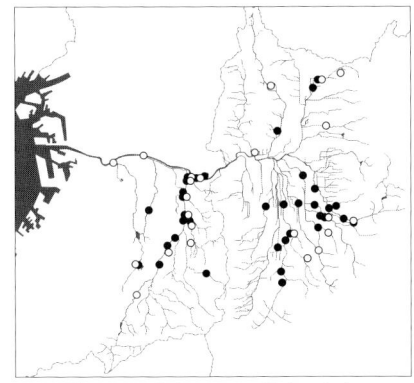

図3-12　●タモロコ，○カマツカ.

■**カマツカ**（図版5図37、図3-12）
〈特徴〉　小川・水路　本　　　流
・からだに黄色と黒の模様がある。
・口は下を向き、砂ごと餌を吸い込んで鰓蓋を広げて砂だけを吐き出す。15cmになる。

　砂底のあるようなところを好んですんでおり、驚いたときなどすぐ砂に潜ってしまいます。大和川水系は砂底のところが多い（1章参照）ので広く分布するようです。今回の主な採集方法であるタモ網では採集できませんでしたが、実際には砂底の場所でよく見かけています。

■**ドジョウ**（図3-13・15）
〈特徴〉　小川・水路　　　　　　水　　田
・口に10本のひげがある。10cmになる。

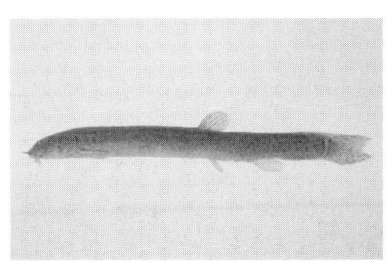

図3-13　ドジョウ（石川）.

　ドジョウは日本では南の沖縄から北の北海道まで広く分布する種類です。大和川水系でも、田んぼや水路のあるところでは、標高にかかわらず、至る所で見られました。

— 33 —

■ナマズ（図3-14・15）

〈特徴〉| 小川・水路 | 本　流 | | | | |

・口に4本のひげがある（幼魚は6本）。60cmになる。

図3-14　ナマズ（大和川本流）.

　夜行性で、昼間は石の下やすき間などに隠れており、今回の採集方法ではあまり標本を得ることができませんでした。しかし、春から夏にかけての産卵時期に、平野部の川に出てきてコイなどと一緒に泳ぐ姿がよく見られました（石川、寺川、曽我川）。産卵は、川の水たまりや水田近くでされるようです。

■アユ（図版5図38、図3-15）

〈特徴〉| | 本　流 | | | | |

・口は大きく、櫛状の歯が生え、脂鰭というサケ類にみられる鰭をもつ。
・寿命は1年で、秋に生まれた子は一度海におりて生活した後、川に上って生活。20cmになる。

　今回の調査では、2004年と2005年の秋に15～22cmの大型の個体（1個体は産卵直後と思われる個体）が大阪市の住吉区や平野区で確認されました。アユは遊漁のために全国的に放流がなされ、大和川水系でも放流がなされています。今回採集されたアユが放流によるものかそれとも河川を遡上してきたものかは分かりません。しかし、大和川河口付近で冬にアユ稚魚が採集されていること、2004年の春に約8cmの小型の個体が河口域に近い場所で採集されていること、組織・生理学的に見て海産の特徴を持つアユが2005年に大阪府柏原市付近

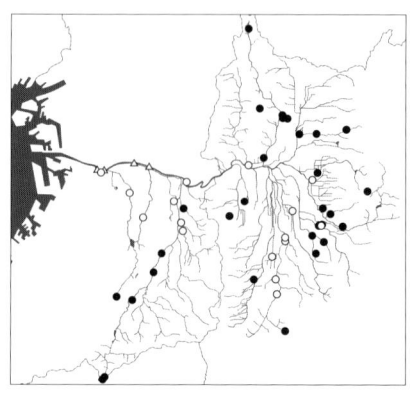

図3-15　●ドジョウ，○ナマズ，△アユ.

3章　大和川水系の水辺の生き物

の大和川で採集されていること（大阪教育大学の研究を報道した記事が、2006年2月3日付け朝日新聞夕刊に掲載されました）から、今回採集されたアユも、遡上アユかもしれません。

■**メダカ**（図版5図39、図3-16）
〈特徴〉　小川・水路　本　　流　　　　　　　水　　田
・背鰭は小さく後ろにあり、臀鰭は前後に長い。ヒレで雌雄の区別ができる。3cmになる。

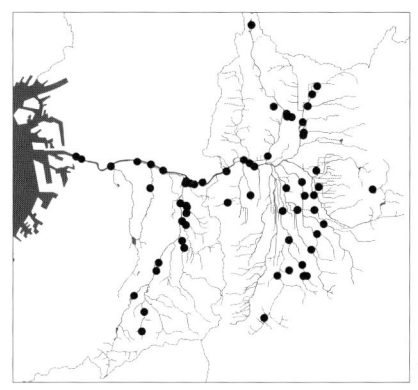

図3-16　●メダカ.

　今回は主に河川本流や支川で魚類の調査をしてきたので、メダカの主な生息場所である水路での分布状況は把握できませんでしたが、図のように広く分布しているのがわかりました。河川本流では、主流路から水が絶えず供給されるようなタマリ、あるいは、主流路ではあるが、水がよどんでいるようなところに生息していました。環境省のレッドリストでは絶滅危惧種とされていますが、大和川水系にはいたるところで見られます。もちろん、河川整備などで生息場所がどんどん少なくなっているのは事実で油断はできません。また、金魚の養殖で有名な大和郡山では、養殖池の周りの水路などに、改良品種であるヒメダカが少なからず生息しており、河川下流部への流出が心配です。

■**トウヨシノボリ**（図版6図40、図3-17）
〈特徴〉　小川・水路　本　　流　　　　　　　　　　　　　　　　　た　め　池
・腹鰭が吸盤状になっているハゼ科の魚。5cmになる。
・ヨシノボリ類の多くは、生活の初期を海で過ごすが、この種類は淡水域で生活。大和川水系にはもう一種カワヨシノボリが分布する（区別点は後述）。

　平野部の流れの緩やかな本流、水路、ため池などで見られました。トウヨシノボリにはいくつかの型がありますが、大和川水系で見られるものはそのうちの、縞鰭型と呼ばれるもののようです。

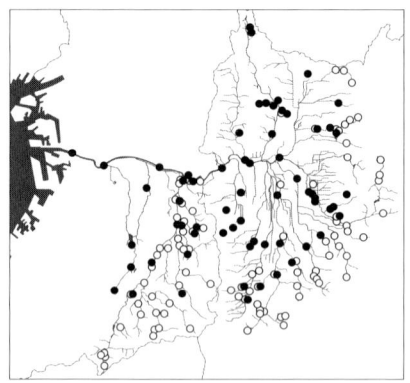

図3-17　●トウヨシノボリ，○カワヨシノボリ．

■ドンコ（図版6図41、図3-19）

〈特徴〉　小川・水路　本　流
- ハゼの仲間だが、腹鰭が吸盤でなく左右に分かれる。15cmになる。
- 魚食性。

　奈良盆地では主に東側の山の麓から山地にかけてと生駒方面で見られ、大阪側では大和川に近い石川水系で見られました。奈良盆地の南西寄りの河川と山寄りの石川水系河川ではほとんど見られませんでした。奈良盆地ではドンコは、主に山地とは言っても、流れが緩やかで、川岸に植物が繁茂し、底は砂底のようなところにすんでいました。石川水系や奈良盆地の南西側にいないのは、石が多いことと、流れが速いこと（1章参照）と関係しているのかもしれません。

1-3　淡水域（上流域）

　大和川水系の上流は、田んぼなどが広がる里山が多いのが特徴です。それでも、岩がごろごろし、木々に囲まれた、水の冷たい上流域もあり、そこにはタカハヤなどが見られます。上流の一部には冷水を好むサケ科のアマゴも見られますが、放流魚由来の個体の可能性が強いのが事実です（過去に自然分布したかは、正確な資料がなく、よくわかりません）。

■タカハヤ（図3-18・19）

〈特徴〉　　　　　本　流
- 体は茶褐色。鱗は小さくヌルヌルしている。10cmになる。

図3-18　タカハヤ（岩井川）．

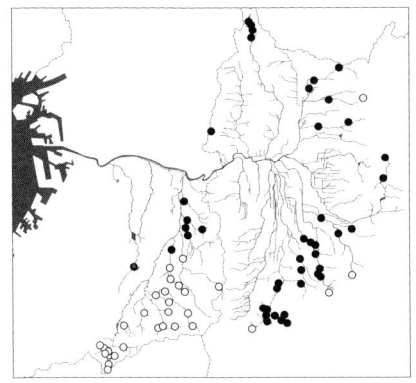

図3-19 ●ドンコ，○タカハヤ.

大阪側では石川水系の上流部、奈良盆地では岩井川、寺川、飛鳥川の上流で見られました。タカハヤは、上流とは言っても淵のあるようなところを好むためでしょうか、急斜面を水が流れ、淵のない葛城川では採集できませんでした。ただし、1999年に葛城川の上流で得られた個体が博物館にはあります。

■カワヨシノボリ（図版6図42、図3-17）

〈特徴〉 小川・水路 本　　流
・腹鰭が吸盤状になっているハゼ科の魚。この種類も川で一生を過ごすヨシノボリ類。5cmになる。
・トウヨシノボリとは胸鰭の条数で区別ができる（カワヨシノボリ15-17本、トウヨシノボリ19-22本）。

大和川水系では、上流部や、平野部でも流れの速いところでは普通に見られます。亀の瀬渓谷や石川水系の下流部でカワヨシボリが見られるのは流速が早いためと思われます。
〈魚類：波戸岡〉

プロジェクトY　参加者の感想　カエル調査に参加して

6月4日「モリアオガエルの卵塊さがし」の行事に参加しました。その日はモリアオガエルの卵塊は一つも発見できませんでした。その日から木の下に水があるところを捜し回りました。何回も行きましたが卵塊は見つけられませんでした。ある日もうつかれて帰るとき、木にスーパーのふくろがぶらさがってると思って行って見るとおじいちゃんが「モリアオガエルの卵塊や！」と言いました。とびはねるくらいうれしかったです。つぎに雨が何日もふって、その雨がやんだ日に調査に行きました。何回行っても卵塊のなかった木の下に水がたまっていて上を見たら木の枝に卵塊がぶらさがっていました。卵塊のあわのなかにおたまじゃくしがいました。カエルは雨がふらないとずっと待っていて、雨がふって水たまりができるとちゃんと卵塊を産んでいるのですごいなあと思いました。〈松崎優仁：小学5年生〉

2．両生類

　大和川水系では、サンショウウオ類4種、イモリ、カエル類13種が記録されています。いずれも水と深く関わった生活をしていますが、河川に主に生息・産卵する流水性の種は多くなく、ヒダサンショウウオ、ブチサンショウウオ、オオサンショウウオ、カジカガエルの4種にすぎません。むしろ多くの種は、水田を利用して産卵・採食を行っています。ここでは、河川だけでなく、水田やため池を含めて大和川水系に生息する両生類をすべて取り上げます。

　調査は、随時カエル類とイモリの標本を収集したほか、アカガエル調査（ニホンアカガエルとヤマアカガエル）、アオガエル調査（シュレーゲルアオガエルとモリアオガエル）、カジカガエル調査を行いました。

■サンショウウオ類

〈特徴〉　小川・水路　　　　　　　　　　水　　田
- 少なくともカスミサンショウウオ、ブチサンショウウオ、ヒダサンショウウオの3種が分布する。
- カスミサンショウウオは里山周辺に生息し、3月頃、山手の水路や水のたまった田んぼに卵嚢を産む。
- ブチサンショウウオとヒダサンショウウオは、河川源流部に生息し、4月前後に、石の裏などに卵嚢を産む。

　カスミサンショウウオは、大阪府の太子町・河内長野市、奈良県の生駒市・奈良市などで生息が確認されています。産卵場所はいずれも山手で、棚田の水路などを利用しています。大阪府では、丘陵や山手の棚田などに、少数ながらも広く分布していることを考えると、奈良盆地南部などにも生息している可能性があります。

　ブチサンショウウオは、金剛山の周辺で記録されているほか、石川源流部にも生息しています。大阪府では金剛・和泉山系の渓流に分布し、奈良県では他に台高・大峰山脈に分布しています。

　ヒダサンショウウオは、1974年に寺川源流部（桜井市）で確認されたのが唯一の記録です。今回、再調査を行いましたが、確認できませんでした。盛んに道路工事が行われており、現在は生息していない可能性があります。大阪府では北摂山地にのみ分布し、奈良県では笠置山地、高見山地、台高山脈の一部にのみ分布するとされます。

　この他に、オオサンショウウオの記録が、大阪府富田林市、奈良県御所市・橿原市でありますが、記録数がきわめて少なく、自然分布ではない可能性もあります。

■イモリ（図3–20）

〈特徴〉　小川・水路　　　　　　　　　　水　　田
- 背が黒く、腹が赤と黒のまだらで、アカハライモリとも呼ばれる。
- 4～6月頃、水草に卵を一つずつ産む。

　山手の田んぼや水路などに生息していますが、生息が確認できた場所は限られます。他の両生類の調査で精力的に調査した環境ですので、この結果は分布がかなり局所的であることを示していると考えられます。

3章　大和川水系の水辺の生き物

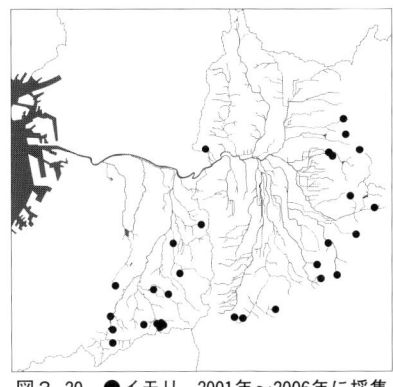

図3-20　●イモリ．2001年～2006年に採集した標本に基づく．

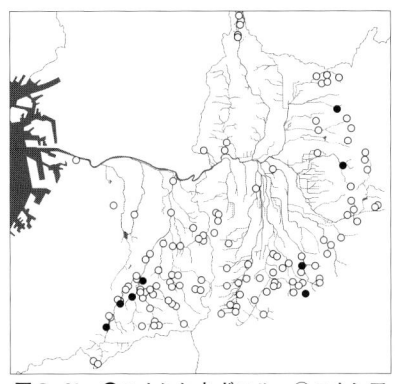

図3-21　●ニホンヒキガエル，○ニホンアマガエル．2001年～2006年に採集した標本に基づく（ニホンアマガエルは鳴き声による確認を含む）．

■ニホンヒキガエル、ニホンアマガエル（図3-21）
〈特徴〉　小川・水路　　　　　　　　水　　田　た　め　池
・ニホンヒキガエルは、少し高めの声で「クックックックックックッ」と鳴く。3～4月頃、ため池や水田で産卵する。
・ニホンアマガエルは、「ゲーゲーゲーゲー」と鳴く。5～7月頃、水田などで産卵する。

　ニホンヒキガエルは、産卵場所を調査しておらず情報が不充分ですが、平地には生息せず、山手中心に生息しているようです。
　ニホンアマガエルも情報が不充分ですが、市街地周辺から山間部にかけての広い範囲の水田周辺に、普通に生息しています。

■アカガエル類（図版6図43・44、図3-22）
〈特徴〉　小川・水路　　　　　　　　　　水　　田
・大和川水系には、ニホンアカガエル、タゴガエル、ヤマアカガエルの3種の狭義のアカガエル類が生息する。
・ニホンアカガエルとヤマアカガエルは、2～3月頃、山地や丘陵の林に近い水のたまった水田など、浅い止水に産卵する。
・タゴガエルは、山地や丘陵の川沿いの穴の奥や岩の下などで「ゴッゴッゴッゴッ」と鳴き、そこで産卵する。
〈情報〉　ニホンアカガエルとヤマアカガエルは、アカガエル調査の対象。タゴガエルは、随時標本を採集すると共に、鳴き声を確認した場所を記録した。

　ニホンアカガエルとヤマアカガエルの産卵には、真冬に水が浅くたまっている環境が必要です。かつての水田は、冬に水があり産卵できたのですが、近年多くの田んぼは、冬に水がなく産卵できなくなっています。今回の調査の結果、大和川水系の北から西よりにニホンア

カガエルが、東から南よりにヤマアカガエルの産卵場所が点在していました。多くの産卵場所では10個未満ととても少数の卵塊しか確認できませんでした。

　タゴガエルは、山地に広く分布し、一部の丘陵にも分布していますが、生駒山地と矢田丘陵では確認されませんでした。

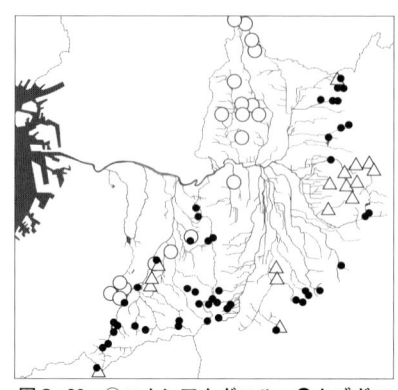

図3-22　〇ニホンアカガエル，●タゴガエル，△ヤマアカガエル．ニホンアカガエルとヤマアカガエルは2005年1～3月と2006年2～3月に確認した産卵場所，タゴガエルは2001年～2006年の確認地点（鳴き声による確認を含む）．

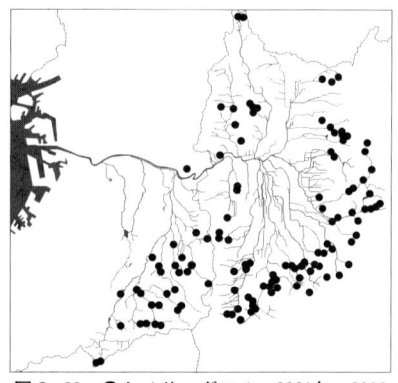

図3-23　●トノサマガエル．2001年～2006年に採集した標本に基づく．

■トノサマガエル、ダルマガエル（図3-23）

〈特徴〉　小川・水路　　　　　　　　　水　田
・トノサマガエルは、「グウーグウー」と鳴く。5月頃、水田などで産卵する。
・ダルマガエルは、「ギュウギュウ」と鳴く。5～6月頃、水田で産卵する。
〈情報〉　トノサマガエルは、随時標本を採集。ダルマガエルは文献調査など。

　トノサマガエルは、近くに林のある丘陵や山手の水田の周辺に分布しており、奈良盆地中央部など平地の水田には生息していません。

　ダルマガエルは、1960年代には大阪狭山市など大阪府下の田んぼに広く分布していましたが、現在大阪府南部には生息していません。奈良盆地でもダルマガエルの生息数は極めて少なく、生駒市や奈良市など3ヶ所程度の生息地が知られているに過ぎません。それぞれの生息地での生息数は少なく、さらに個体数は減少傾向にあります。

3章 大和川水系の水辺の生き物

■ツチガエル、ヌマガエル（図3-24）
〈特徴〉 小川・水路　　　　　　　　　水　　田
・両種とも背面に隆起が発達し、俗にイボガエルと呼ばれる。
・ヌマガエルよりも、ツチガエルの方が、背面の隆起が顕著。
・ツチガエルは、「グーグー」と鳴く。5〜8月の長い期間にわたって、ため池や水田で産卵する。
・ヌマガエルは、「キャウキャウ」と鳴く。5〜6月頃、水田などに産卵する。

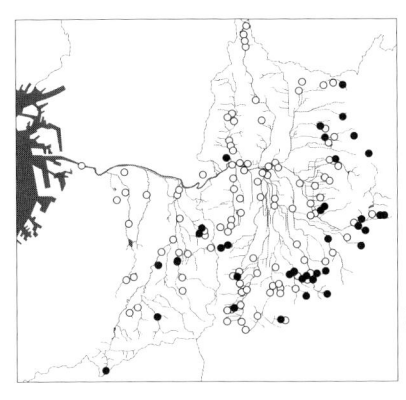

図3-24　●ツチガエル，○ヌマガエル．2001年〜2006年に採集した標本に基づく．

　ツチガエルは、丘陵周辺や山手の水田、河川の上流部に生息します。
　ヌマガエルは、平地から山手まで、さまざまな水田に広く分布します。水田でもっとも普通に見られるカエルです。

■ウシガエル　移入種　（図3-25）
〈特徴〉 小川・水路　本　　流　　　　　水　　田　た　め　池
・北アメリカから持ち込まれた移入種。
・ボーボーと大きな声で鳴く。
・日本最大のカエルで、オタマジャクシもとても大きい。
・ため池や水田に多いほか、河川にも生息する。
・6〜7月頃、水面に産卵する。
〈情報〉 随時標本を採集すると共に、鳴き声を確認した場所を記録した。

　平地から山手まで広く分布しています。河口の記録は流されてきたものと考えられます。

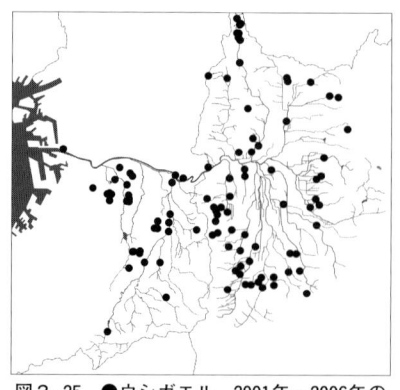

図3-25 ●ウシガエル．2001年〜2006年の確認地点（鳴き声による確認を含む）．

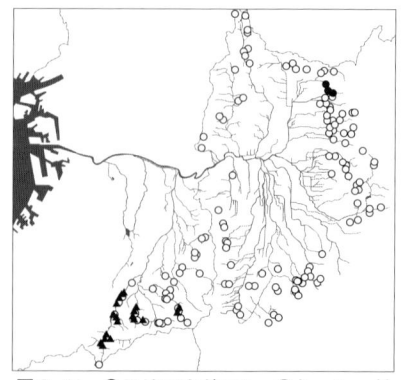

図3-26 ●モリアオガエル，○シュレーゲルアオガエル，▲カジカガエル．2005年5〜6月と2006年5〜6月の確認地点（鳴き声による確認を含む）．

■アオガエル類（図版6図45、図3-26）

〈特徴〉　小川・水路　　　　　　　　　水　田　た　め　池

・大和川水系には、モリアオガエル、シュレーゲルアオガエル、カジカガエルの3種が分布。
・モリアオガエルは、「ココココ、ココココ」と鳴く。5〜6月頃、樹上に泡で包まれた卵塊をぶら下げる。
・シュレーゲルアオガエルは、「クリリリ、クリリリ」と鳴く。5〜6月頃、水田の畦の穴の中などに、泡で包まれた卵塊を産む。
・カジカガエルは、独特の美しい声で知られる。5〜6月頃、渓流の石の下やれきの間に産卵する。

〈情報〉　アオガエル調査、カジカガエル調査。

　シュレーゲルアオガエルは、大阪府側でも奈良盆地でも、山や丘陵の林に近い水田周辺に広く分布します。
　モリアオガエルは、奈良公園でのみ生息を確認しました。調査しませんでしたが、奈良公園の東にある春日山には多数生息すると言います。この他に金剛山にも生息するとされますが、今回の調査では確認されませんでした。奈良盆地の何ヶ所かでは、この他にも卵塊が確認された事があるようですが、これは人によって持ち込まれた可能性が高いとされます。したがって、現在生息が確実な大和川水系での自然分布は、奈良公園・春日山だけです。
　カジカガエルは、大阪府側の石川上流部、加賀田川、天見川、石見川、及びその支流でのみ生息が確認されました。奈良盆地でも調査しましたが、確認されませんでした。大阪府側に関しては、約30年前にも分布調査が行われており、その時と同じ河川で分布が確認されました。〈両生類：和田〉

3．爬虫類

　大和川水系には、トカゲ類3種、ヘビ類8種、カメ類とさまざまな爬虫類が生息していますが、ここでは水への依存度が高いカメ類だけを取り上げます。大和川水系には元々、イシガメ、クサガメ、スッポンの3種だけが生息していました。しかしペットが放されることによって、近年さまざまな外国産のカメが多く確認されるようになりました。ミシシッピーアカミミガメはすっかり定着しており、カミツキガメやワニガメの確認例もあります（ミシシッピーアカミミガメ以外の外国産カメ類については、移入種のところで取り上げます）。また、ここで在来種としている3種もしばしばペットとして飼育され、野外に放されることがあります。今回の調査結果の中にも、在来種ではあってもその分布はペットが放された結果というものが含まれている可能性があります。

　調査は、河川沿いの繁殖鳥類調査とため池の繁殖鳥類調査と合わせて、カメ類の観察情報を集めたほか、一部補足調査を行いました。スッポンに関しては、随時情報を集めたほか、モクズガニの調査の際に混獲されました。

■**イシガメ、クサガメ、スッポン**（図版6図46、図3-27・28）

〈特徴〉　小川・水路　　本　　流　　　　　　　　　　た　め　池
・大和川水系にはイシガメ、クサガメ、スッポンの3種の在来種のカメ類が分布する。
・河川やため池の岸や石の上で日向ぼっこをしている姿を確認することが多い。
・その他、スッポンについては、浅い河川や水路の中を移動したり、水面に浮かんできたところを観察することもある。
・いずれも主に6～7月頃、陸に上がって、穴を掘って土の中に産卵する。

図3-27　イシガメ．斑鳩町にて、2006年6月19日撮影．

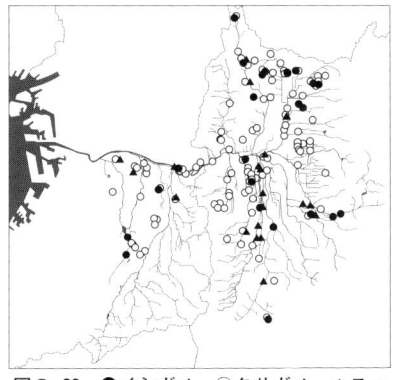

図3-28　●イシガメ，○クサガメ，▲スッポン．河川のカメ調査（2004年4～6月、2005年10月）とため池のカメ調査（2005年4～8月）に基づく．スッポンは、2004年～2006年の確認地点をすべて盛り込んだ．

　クサガメは、河川の中流部やため池に広く分布しています。イシガメは、多くはありませ

んが、クサガメよりも上流側の河川や、山手のため池に分布しています。スッポンは、川底に砂の堆積した中流部の河川や周辺の水路、ため池に生息しています。普段は砂に潜っていて、比較的観察しにくいカメなので、実際にはもっと多く生息している可能性があります。

■ミシシッピーアカミミガメ　 移入種 （図3–29）

〈特徴〉　小川・水路　本　　流　　　　　　　　　た　め　池　河　　　口
・北アメリカから持ち込まれた移入種。
・河川やため池の岸や石の上でよく日向ぼっこをしているので、生息確認は容易。
・主に6〜7月頃、陸に上がって、穴を掘って土の中に産卵する。

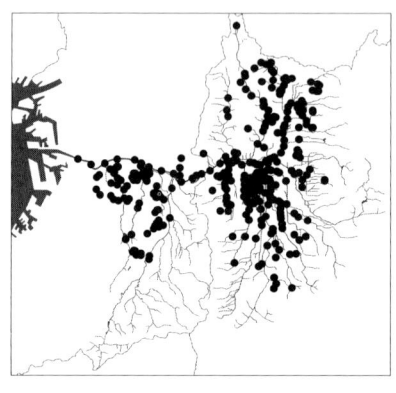

図3–29　●ミシシッピーアカミミガメ．河川のカメ調査（2004年4〜6月、2005年10月）とため池のカメ調査（2005年4〜8月）に基づく．

中流部から河口までの河川、平地を中心に大部分のため池で、広く確認されます。個体数もカメ類の中でもっとも多く、大和川水系で観察されるカメ類の大部分はミシシッピーアカミミガメであると言っても過言ではありません。〈爬虫類：和田〉

4．甲殻類

　淡水にすむ甲殻類は、海にくらべるとその種数は多くありません。しかし、ため池、田んぼ、水路、河川といった環境ごとに特徴的な分布が見られます。大和川水系の甲殻類を調査してみると、本州で見られる淡水甲殻類のメジャーな種はおおむね出現しています。このことは、天理・明日香や生駒・葛城から水を集め、奈良盆地の水田を経て大阪平野に流れ出す大和川水系に、様々な陸水環境が一通り揃っていることを物語っています。例えばサワガニは山肌が迫る渓流を好む種ですが、大和川水系でも奈良盆地を囲むように上流部に生息しています。また、スジエビやアメリカザリガニ、カブトエビ類、カイエビ等の分布は、ため池・水路・水田のネットワークをそのまま表すといってもよいでしょう。そして、各所で顔を出す通し回遊性のモクズガニの存在は、大和川が大阪湾と里山をつなぐ生命線であることに気付かされます。

　今回の甲殻類調査では採集努力を広範に分散させるため、プロジェクトYメンバーによる「見つけ採り」や「たも網のスイーピング」によって採集できる種を対象としました。そのため、ミジンコなどのプランクトンや、ミズムシ、ヨコエビ類は対象としていません。
〈石田・和田〉

4-1　ホウネンエビ、カブトエビ、カイエビ

　原始的な甲殻類の一群（鰓脚類）です。卵は乾燥状態で長期間耐え、水に出会うと急速に孵化、成長、産卵し一生を終えます。もともとは一時的にできる水たまりのような環境をすみ場所にしていたと考えられますが、稲作水田という環境に見事に適応し、田植え後の数週間だけ一斉に姿を現します。従ってこの時期以外に観察はできません。プロジェクトY「カブトエビ班」は2003年から4年間、毎年6月中旬〜7月上旬に流域の水田で調査しました。同定はMark J. Grygier氏（琵琶湖博物館）に協力していただきました。〈石田・山西〉

■**ホウネンエビ**（図3-30・31・32）
〈特徴〉　　　　　　　　　　　　　　　水　　田
・甲らにおおわれない。
・腹側を上にして泳ぎ、浮かんでいる餌を集める。
・この仲間はホウネンエビ1種だけが見られる。

　日本では関東以南の水田に分布します。調査の結果、大和川流域でも広く分布することがわかりました。〈山西〉

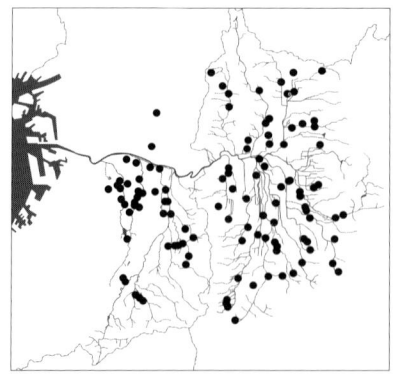

図3-30　●ホウネンエビ．大和川流域周辺には広く分布する．

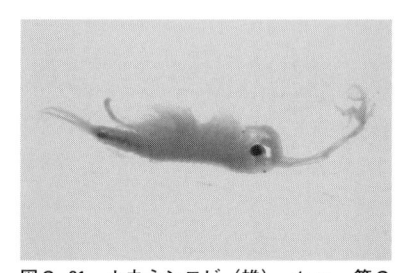

図3-31　ホウネンエビ（雄）．1cm．第2触角が長く突出する．

図3-32　ホウネンエビ（雌）．1cm．

■カブトエビ類（図3-33・34・35）

〈特徴〉　　　　　　　　　　　　　　水　田
・体の前半が甲らにおおわれている．
・海にすむカブトガニとは別の動物．
・アジアカブトエビとアメリカカブトエビの2種が分布するが、肉眼で見分けるのはむずかしい．
・外来種であるといわれているが、移入の時期や経路は不明．

　大和川水系では奈良盆地を中心に広く田んぼが広がっています。調査の結果、2種のカブトエビの分布の傾向がはっきりしました。それは、この水系では現在アジアカブトエビが断然優勢で、アメリカカブトエビは上流域でわずかに見られるということです。1978年に奈良県高等学校教科等研究会が行った奈良県下のカブトエビ調査によれば、当時は逆にアメリカカブトエビが大半を占めていたことがわかっています。この変化は何によってもたらされたものでしょうか？現在も琵琶湖周辺ではアメリカカブトエビが圧倒的に多いことが、琵琶湖博物館の調査で明らかにされています．〈山西〉

3章　大和川水系の水辺の生き物

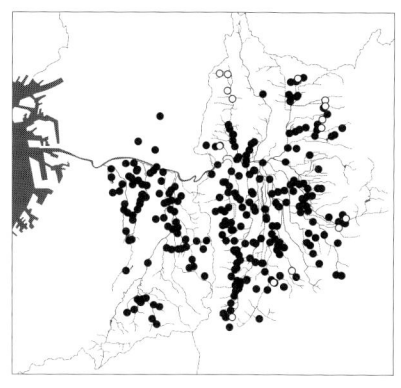

図3-33　●アジアカブトエビ，○アメリカカブトエビ．各地のたくさんの水田でカブトエビが見つかったが，そのほとんどはアジアカブトエビで，アメリカカブトエビは上流域に限られた．

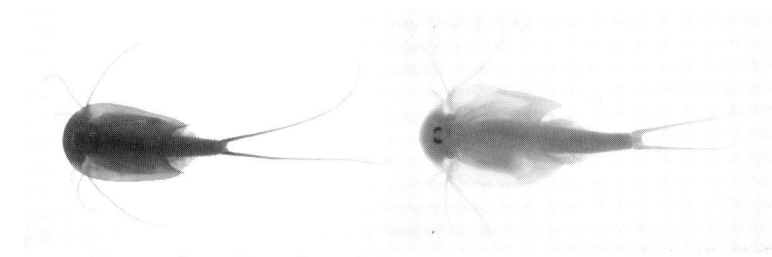

図3-34　左，アジアカブトエビ（背面から見たところ）．全長3〜4cm.
　　　　右，アメリカカブトエビ（背面から見たところ）．全長3cm.

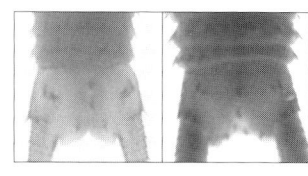

図3-35　カブトエビ2種を見分けるポイント．尾肢の付け根の部分の刺の出る位置が異なる．左がアジアカブトエビ．

■**カイエビ類**（図3-36・37・38・39・40）
〈特徴〉　　　　　　　　　　　　　　　　水　　田
・全体が甲らにおおわれていて、二枚貝のようにみえる。
・トゲカイエビ、カイエビ、タマカイエビおよびヒメカイエビ属の1種が分布する。

　調査の結果、多数の水田でトゲカイエビが採集されました。現在の大和川流域では普通種と言ってよいでしょう。かつて記録のあるカイエビは辛うじて初瀬川・富雄川の最上流域でのみ記録されました。少なくなっているようです。また、タマカイエビも初瀬川最上流域で2例だけ記録されました。ヒメカイエビ属の一種はトゲカイエビほどではありませんが、各地で記録されています。本種は出現時期がもっと早いと言われていますので、実際にはもっと濃密に分布しているかもしれません。〈石田・山西〉

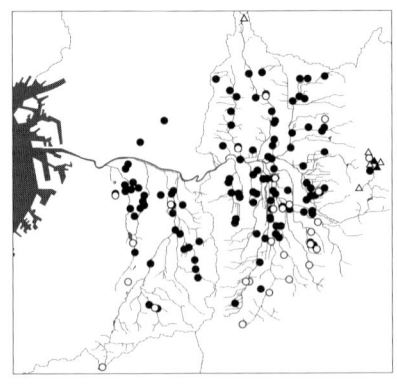

図3-36 ●トゲカイエビ，○ヒメカイエビ属，△カイエビ，▲タマカイエビ．

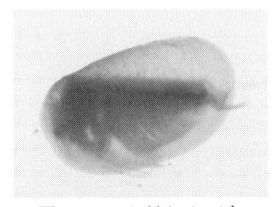

図3-37 トゲカイエビ．1.5cm．

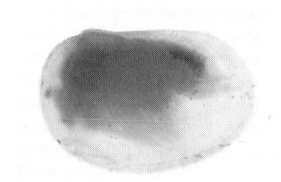

図3-38 カイエビ．6mm．

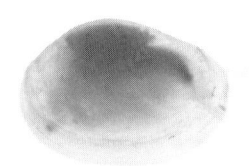

図3-39 ヒメカイエビ属の一種．1cm．

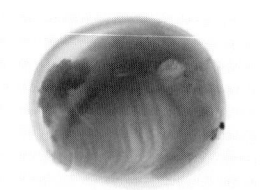

図3-40 タマカイエビ．5mm．

4-2 十脚類・等脚類

　十脚類は、いわゆるエビ・カニの仲間です。捕まえやすいものも多く、川遊びする子どもたちにとっては人気の生き物です。なお、過去の文献ではヌマエビが斑鳩町（1960年代）と安堵町（1980年代）などで記録されていますが、今回の調査ではほとんど確認できませんでした。中流域での調査努力を増やせば、ひょっとすると見つかるかもしれません。

　等脚類は、いわゆるダンゴムシの仲間です。大和川水系で最も多い水生の等脚類はミズムシとみられますが、今回は調査対象としていません。おそらく水系全域に分布するでしょう。他にはスジエビなどの淡水エビの体表に寄生するエビノコバンが記録されています。

　近年は観賞用に淡水十脚類が飼育されることも多いようです。これらが野外に放されることで、もともと分布していた個体群が何らかの影響を受ける可能性も懸念されます。

〈石田〉

■テナガエビ（図版6図47、図3-41）

〈特徴〉　　　　　　　本　　流
・一対の胸脚が長いエビ。
・淡水種としては比較的大型の種。
・多くの地方で食用とされる。

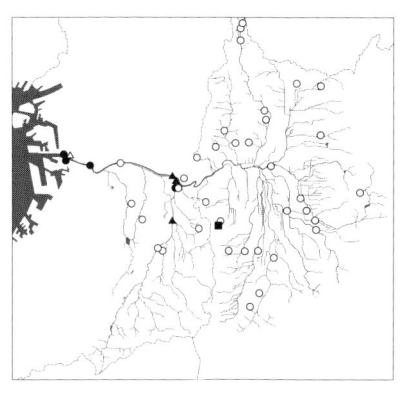

図3-41　●テナガエビ，○スジエビ，△ミゾレヌマエビ，▲ミナミヌマエビ，■エビノコバン．

　第2胸脚が著しく長いことからその名がついたエビです。湖沼や流れのゆるやかな河川の砂泥底質を好む種で、本州以南の各地に分布します。食用とする地方も多く、数多くの方言名があります。
　今回の調査では、河口部と、石川の大和川との合流点付近でのみ採集されました。
〈和田・石田〉

■スジエビ（図3-41・42）

〈特徴〉　小川・水路　本　　流　　　　　　　　　　た　め　池
・体に横じま模様のある小型のエビ。

図3-42　スジエビ（体長約3センチ）と頭胸甲にしがみつくエビノコバン（矢印・丸山健一郎氏撮影）．

　体の模様からその名がついた、川や池にすむエビです。眼柄が体の左右に飛び出し、愛らしい顔つきをしています。琵琶湖沿岸では食用種として漁獲されており、大豆と佃煮にした「えび豆」は郷土料理として有名です。
　今回の調査では、比較的山手のため池や水路に生息を確認しました。〈和田・石田〉

■エビノコバン（図3-42）

〈特徴〉	小川・水路	本　　流			た　め　池	

・体長10ミリ弱の等脚類。
・スジエビなどの体表にしがみついて生活する。

　うすい黄色の体表に黒い斑点がたくさんある等脚類です。スジエビのなどの淡水エビの頭胸甲の後端に後ろ向きでしがみついていることが多いようです。脚の先は鋭いカギ爪になっており、このような生活に適しているのかもしれません。今回の調査では葛城市のため池の1ヶ所でのみ見つかりました。過去の文献では斑鳩町と王寺町（1960年代）、奈良公園（1950年代）などで記録があります。〈石田〉

■ミナミヌマエビ（図3-43）

〈特徴〉	小川・水路	本　　流				

・体長約3センチまでの小型のエビ。

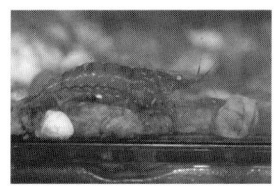

図3-43　ミナミヌマエビ（体長約2cm）.

　本州中部以南にすむ淡水産のエビです。今回の調査では主に石川流域で見つかりました。過去の文献では斑鳩町と王寺町（1960年代）、初瀬川と佐保川（1940～50年代）などでも記録されているようです。〈石田〉

■ミゾレヌマエビ（図3-41・44）

〈特徴〉		本　　流				河　　口

・下流域にすむ小型のエビ。

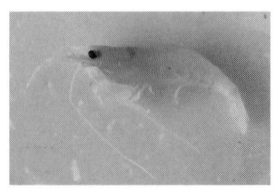

図3-44　ミゾレヌマエビ（ホルマリン固定標本・体長約2cm）.

　房総半島・新潟以南の日本各地にすむ淡水産のエビです。比較的水のきれいな下流域を好みます。府下の他の河川の河口域でも確認されています。

　大和川では2003年6月の河口域の調査の際、1例だけ魚類とともに混獲されました。〈和田・石田〉

■サワガニ（図版7図48、図3–45）

〈特徴〉　小川・水路
・渓流や山地の細流など河川上流部に生息する小型のカニ。
・本州のカニ類で唯一、一生を淡水ですごす。
・日本固有種。

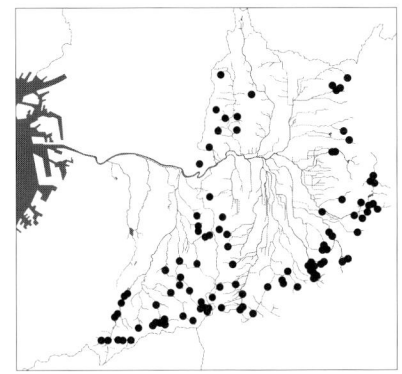

図3–45　●サワガニ．河川の山間上流部に分布．

　メスが抱卵している間に幼生期を終え、稚ガニとして孵出して淡水域で成長するため、一生を通じて海に出ることのない純淡水種です。山間の上流に分布し、渓谷を歩けばたいていお目にかかれる、日本人にとってはなじみ深いカニです。
　今回の調査でも、主に河川の山間上流部に、広く分布することがわかりました。
〈和田・石田〉

■アメリカザリガニ　移入種　（図3–46・47）

〈特徴〉　小川・水路　　　　　　　　　水　田　た　め　池
・第1脚の大きなはさみ脚が特徴的な、いわゆるザリガニ。
・北アメリカから持ち込まれた移入種。
・大和川水系のザリガニ類はこの1種のみ。

図3–46　アメリカザリガニ（甲長約6cm）．

　アメリカ合衆国南部を原産とするアメリカザリガニ科の十脚類で、1920〜30年代に神奈川県に持ち込まれ、その後全国に分布を広げました。大和川水系では1948年に「京都、奈良間

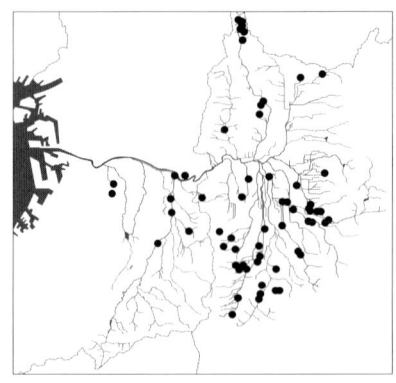

図3–47 ●アメリカザリガニ．平地から丘陵にかけてのため池や水路などに分布．

及び奈良県北部の水田に近年非常に増えている」という記録があります．原産地では湿地に生息していますが、日本では水田やため池を好むようです。

今回の調査では標本採集による記録が充分ではありませんが、平地から丘陵にかけてのため池や水路など水田周辺に広く分布しています。〈和田・石田〉

■モクズガニ（図版7図49、図3–48）

〈特徴〉	小川・水路	本　　流				河　　口

・ハサミに毛がたくさん生えたカニ。
・国内淡水最大のカニ（20cmを超える）。
・堰を乗り越えて海から川へ移動。

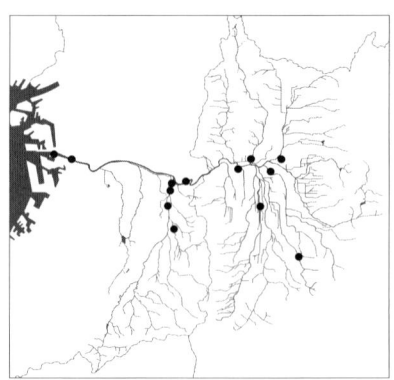

図3–48 ●モクズガニ（2003年～2006年）．山間部を除くほぼ全域の本流・支流に分布．

川と海を行き来する通し回遊するカニとして知られています。おとなになって繁殖の準備ができたモクズガニは、川を下り河口から海で繁殖します。卵からかえった幼生は海ですごします。そして、幼生から小さなモクズガニになって川を上り、大きく成長します。春から初夏に大和川河口から石川合流点のあたりでは、川を遡上する小さなモクズガニを観察することができます。また、食用にもされ、河内地方の秋祭りなどではよく屋台に出されていたようです。

プロジェクトYの調査では、数は多くありませんが、大和川本流河口から最上流では明日香村付近の飛鳥川まで確認されています。一部の個体は吉野川分水によって紀ノ川水系から運ばれてきた可能性は否定できませんが、春の河口での遡上の個体数を見ると、ちゃんと大和川本流を遡っているのではないかと考えています。〈中条〉

■河口域のイワガニ類（図3-49・50・51・52）
〈特徴〉　　　　　　　　　　　　　　　　　　　　　　　　　　　　　河　　　口
・大和川では少なくともケフサイソガニ、クロベンケイガニ、ハマガニ、アカテガニの4種が生息する。
・ケフサイソガニは暗色で最大甲幅約3cm、オスのはさみ脚の付け根に毛が生えている。
・クロベンケイガニは暗色で最大甲幅約4cm、歩脚に毛が生えている
・ハマガニは比較的大型で最大甲幅約5cm、甲に縁取りがあり、中心に深い溝がある。
・アカテガニは最大甲幅約4cmで、赤いはさみ脚をもつ。

図3-49　ケフサイソガニ（甲幅約2cm）．

図3-50　河口のヨシ原と，根元に潜むクロベンケイガニ．

図3-51　2006年6月10日の調査で見つかったハマガニ（甲幅約13mm・河野美幸さん採集）．

図3-52　アカテガニ（甲幅4cm）

　ケフサイソガニは汽水域の砂泥質の磯や転石でふつうにみられるカニです。イソガニとよく似ていますが、ケフサイソガニは体色に目立った模様がないこと、オスのはさみ脚の指の付け根に細かい毛が密に生えていること（名前の由来）、はさみ脚や腹面に紫色の斑点があること、などで見分けられます。大和川河口では、水際の転石をひっくり返すとたくさん見つかります。
　クロベンケイガニは河川感潮域の高潮帯～潮上帯のヨシ原に穴を掘って群棲するカニです。

甲羅の縁に切れ込みがなく、歩脚に毛が生えていることで見分けられます。大和川河口では、感潮域のヨシ原を中心に、泥が溜まっているところを探せば簡単に見つけられます。

　ハマガニは河口付近の潮上帯の草はらなどに穴を掘って生息するカニです。甲面の中心にある深い溝が特徴的で、甲の縁取りも見分けるポイントになります。夜行性で、ヨシ葉などを食べます。大和川河口では、幼ガニを1個体だけ見つけることができました（図3-51）。ただし、大和川には好適なすみ場所が少ないため、個体数はごく限られているとみられます。

　アカテガニは海に近い湿地や草地でみられるカニです。産卵は海や川で行われます。名前のとおり、赤いはさみ脚が特徴的です。大和川河口では堤防にできた小さい草むらで確認されたものの、生息環境としてはとても狭いため、常時生息はしていないかもしれません。
〈石田〉

プロジェクトY　参加者の感想　やっと、捕れた

　モクズガニを捕るのは簡単なことではなかった。
　網にはカメしか、かからない事が多かった。それにカメが入りすぎてカゴの形がちょっと変形してしまった事が1回あった。竜田川でもカメしか、かからなかった。唯一カニがかかっていた富雄川も、工事現場などであまりカゴを仕掛けられなかった。1回だけザリガニが入っていたこともあったし、カニ以外（特にカメ）がかかりすぎていたから、びっくりした。カニがかかっていた網もカメが入っていて、カニがつぶれそうだった。
　ともかくモクズガニ1匹でも捕れて良かった。〈三木真冴貴：中学1年生〉

5．貝類

　大和川水系は、飛鳥、奈良、難波と古代の都の地を流域に含み、大阪湾に流入する一級河川として、古くから人手が加わり、人と関わりの深い水系です。しかし、そこに棲む貝類（軟体動物）については、固有種の多い琵琶湖・淀川水系に比べてあまり調査がすすんでいませんでした。今回の調査では、見つけ採りによって随時標本を採集し、また過去の収蔵標本も調べました。結果、明らかな国外からの移入種をのぞき腹足類（巻貝類）9種、二枚貝類7種が確認され、大和川水系全域での分布を把握することができました。これらの多くは日本に広く生息していた種類ですが、大和川水系でも、オオタニシ、マルタニシやイシガイ類などの生息場所はきわめて限られていて、里山やそこから平野に移る地域のため池、水田、水路などに孤立して生息していることがわかりました。古い記録があるカラスガイなどは再発見されないなど、大和川水系から消滅した種もあると考えられ、今回生息がわかった貝類の中にも、わずかな環境改変で絶滅が心配される種があります。

　移入種は、巻貝類ではスクミリンゴガイ（ジャンボタニシ）など少なくとも3種確認されています。二枚貝類では、近年まで大和川水系では知られていなかったタイワンシジミが発見され、今後、拡大が懸念されます。〈石井〉

■**タニシ類**（図3–53・54・55）

〈特徴〉　小川・水路　　　　　　　　　　　　水　　田　　た　め　池
・表面の色が暗褐色から緑褐色のずんぐりした巻貝。
・日本産は琵琶湖のナガタニシをのぞくと3種類。
・卵胎生。種類によって生息地が少し異なる。

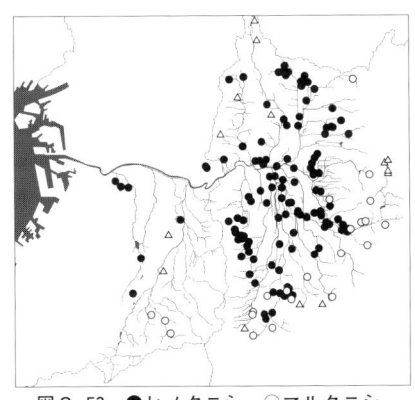

図3–53　●ヒメタニシ，○マルタニシ，△オオタニシ．

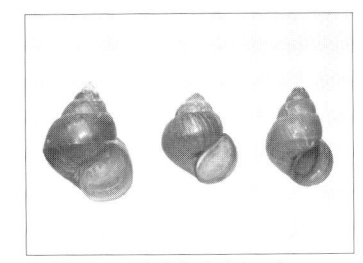

図3–54　左からオオタニシ，マルタニシ，ヒメタニシ．

　タニシ類は、春の季語であったり、田螺（＝田んぼの巻貝）と書き表すように水田と関わりがあり、食用ともされた普通の貝でした。タニシ類は卵胎生で、卵を外に産み付けることはなく、そろばん玉のような形の殻をもつ稚貝となって母貝から出てきます。スクミリンゴガイなどのように、卵を外に産み付ける巻貝とは、大きく異なる点です。

図3-55　左からマルタニシのすむ棚田（桜井市），オオタニシのすむため池（生駒市），ヒメタニシのいる水路（橿原市）．

　大和川水系では、マルタニシは山村の水田に、オオタニシは里山のため池など、限られた地域にのみ生息しています。マルタニシは乾田化によって、その生息箇所が少なくなっていると考えられます。ヒメタニシだけは平野部でふつうに見られ、少し汚れた水路や水田にもたくさん見つかります。〈石井〉

■**スクミリンゴガイ**　移入種　（図3-56・57）

〈特徴〉	小川・水路		水　　田	

・別名ジャンボタニシといわれ、殻高は成貝で3-5cm（最大約7cm）。
・南米原産の巻貝。
・ピンクの卵塊が特徴的。
・イネの幼苗などを食害し、各地で問題になっている。

図3-56　スクミリンゴガイ（左）と卵塊（右）．

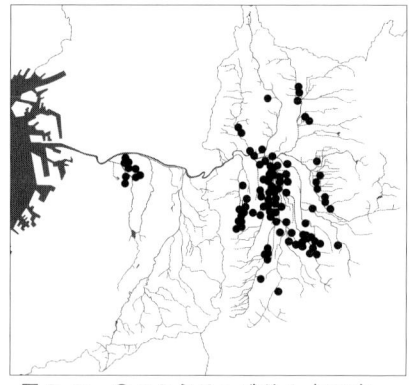

図3-57　●スクミリンゴガイ（2003年～2005年）．山間部を除く奈良盆地の水田・水路のほぼ全域．松原市・堺市東部の西除川流域の水田．

　食用に輸入されたものが廃棄され、九州を中心とした西日本の水田を中心に分布を広げています。イネの幼苗やレンコンなどを食害します。
　大和川水系では、奈良盆地南部を中心に広く分布しています。特に橿原市や広陵町などでは高密度で分布しています。一方、標高100m以上のところではほとんど分布していません。冬季の寒さに耐えることが出来ないのかもしれません。また、大阪府の大和川水系では、松原市や堺市の一部でしか確認できていません。
　奈良盆地では、天理市にあったスクミリンゴガイの養殖業者が、廃業の際に河合町で廃棄

3章　大和川水系の水辺の生き物

したことがわかっており、現在の分布と関わっているのかもしれません。〈中条〉

■ウスイロオカチグサ　移入種？（図3-58、図3-59）
〈特徴〉　小川・水路
・殻高4mm程度の小さな巻き貝。
・水路などの湿った壁についていることが多い。

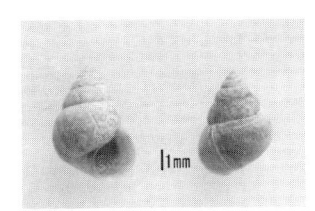

図3-58　ウスイロオカチグサ．

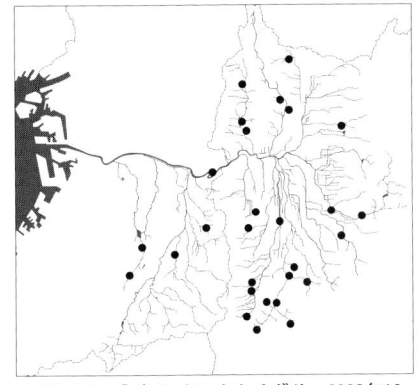

図3-59　●ウスイロオカチグサ．2003年10月～2006年6月に採集した標本に基づく．奈良盆地，大阪府東南部の山手に近い水路や溝などに分布．

　山間の湿地や、水しぶきのかかるような水路や側溝などに生息するカワザンショウガイ科の小型の巻き貝です。臍孔をもち、殻表に弱い螺脈があり、眼の後ろに鮮やかなオレンジ色の斑紋を持つといった特徴があります。
　従来、ウスイロオカチグサの分布は奄美諸島・沖永良部島・沖縄とされていました。しかし、1990年代後半に本州西部で相次いで確認され、プロジェクトYの調査で初めて奈良県内でも確認されました。10数年前から急にあちこちで見つかりだしたという状況から、本種は人為的に移入されたものと考えるのが妥当かもしれません。しかし、比較的自然が残され、移入種が入り込むというイメージには程遠い環境でも見られることから、本州でも在来の種であったという説もあります。今回の調査の結果、比較的山手に近い場所を中心に奈良盆地、大阪府東南部に広く分布することがわかりました。〈石田・和田〉

■カワニナ類（図3-60・61）
〈特徴〉　小川・水路　本　　流
・暗褐色の殻皮をもつ細長い塔形の巻貝。
・主として流れのある川や水路にすむ。
・日本産は琵琶湖淀川水系をのぞくと3種。

　カワニナ類は山地から平野にいたる河川や水路に多くすみ、水底の石やコンクリートの表面の藻類をかじりとって食べています。大和川水系にすむカワニナ類で一番普通なカワニナ

— 57 —

図3–60 カワニナ（右の3点）とチリメンカワニナ（左の2点）．

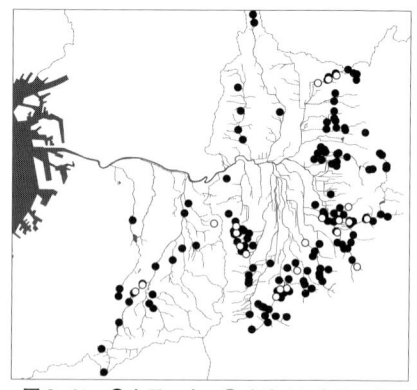

図3–61 ●カワニナ，○チリメンカワニナ．

は、顕著な縦肋がなく、殻がふっくらして明るい色彩の型から細長く暗褐色の型まで変異が認められます。チリメンカワニナは、殻の縦肋が顕著という特徴があります。カワニナとチリメンカワニナを厳密に同定するには胎貝の形態を確認する必要がありますが、今回の調査では幼貝期の縦肋を基準に外部形態のみで同定しました。チリメンカワニナの分布は、大和川水系ではカワニナより限られています。クロダカワニナはやや小型で細身の殻をもち、殻底の螺肋が5条内外と少ないのが特徴のカワニナ類です。大和川水系では石川流域の古市、貴志に古い記録があります。

　カワニナは、ゲンジボタルの幼虫の餌になることがよく知られています。ホタルを増やして自然を取り戻すという名目でカワニナが養殖・放流されることも多く、国内移入の問題が危惧されています。大和川水系のチリメンカワニナの多くは、ホタル増殖事業に伴って他水系から移入された可能性が高いと考えられます。〈石井・石田〉

■イシガイ類（図3–62）

〈特徴〉	小川・水路				ため池

・淡水域にだけすむ二枚貝。
・黒っぽい殻皮と殻内面の真珠光沢のコントラスト。
・大和川水系では、ほとんどの種類の絶滅が危惧される。

図3–62 大和川水系のイシガイ類：イシガイ（左上）、マツカサガイ（左中と左下）、ドブガイ（右上）、タガイ（右下）．

　イシガイ科の二枚貝は、殻の外面は暗褐色か暗緑色などの黒っぽい殻皮で被われ、内面は光沢のある真珠層でできています。淡水域に生息する二枚貝で、水底に深くもぐらないので、

たやすく見つけることができます。イシガイ科の貝の幼生はグロキジウムとよばれ、魚の鰓に寄生する時期を経て稚貝となります。逆にタナゴ類の魚がイシガイ科の貝の鰓に産卵し、孵化するまで保育させることも知られています。

大和川水系では、イシガイ、マツカサガイ、ドブガイ、タガイ（注）のわずか4種しか見つからず、ドブガイをのぞくといずれも生息地がきわめて限られています。古い報告には、カラスガイなど他のイシガイ科の種類も記録されていて、今より豊かな貝類相があったことが伺われます。

イシガイ類の減少の原因には、水路のコンクリート化、生活排水や農薬などの水路やため池への流入、冬季に水が水路からなくなるなどがあります。また、大和川水系では確認されていませんが、業者や愛好家による採集圧も大きいと考えられます。〈石井・中条〉

注：現在の図鑑類ではタガイはドブガイの一型とされている。

■**シジミ類**（図版7図50、図3-63）

〈特徴〉 小川・水路　本　　流　　　　　　　　　　　た　め　池　河　　口
・稚貝は緑褐色、成貝は黒色の殻皮の二枚貝。
・淡水域にマシジミ、汽水域にヤマトシジミが生息。
・外来シジミに一変される危機。

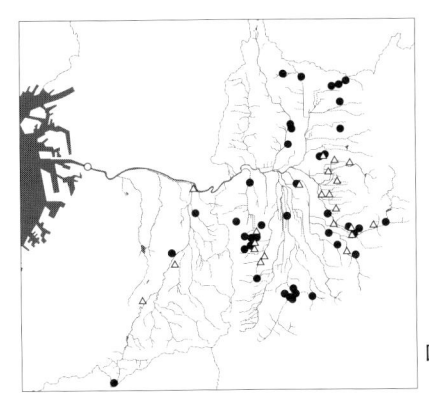

図3-63　●マシジミ，○ヤマトシジミ，△タイワンシジミ．

大和川水系のシジミの仲間は、河口域にヤマトシジミが、石川流域や奈良盆地の各支流、水路やため池にマシジミが、そして移入種であるタイワンシジミがすんでいます。河口で見つかるヤマトシジミは個体数も少なく、また放流個体も多く含まれると考えられます。マシジミは奈良盆地では山際から平野にかけての水路で普通に見られますが、石川水系では数カ所でしか確認されていません。マシジミとタイワンシジミの形態は似ている部分が多く、殻だけでは識別困難な個体もあります。今回の調査では、幼貝に放射模様がある、侵食された殻頂がピンク色を帯びている、殻内面が白色で咬歯が紫色などで染まっている、殻内面が全面濃藍色で明褐色の縁取りがある、といった特徴を持つものをタイワンシジミとして同定しました。タイワンシジミは、近年まで大和川水系にはいないとされていましたが、今回の調査で何カ所も見つかっています。繁殖力の強いタイワンシジミに駆逐され、大和川水系にマシジミがいなくなってしまうことが危惧されます（P108参照）。〈石井・石田・中条〉

■**イシマキガイ**（図版7図51）

〈特徴〉　　　　　　　　　　　　　　　　　　　　　　　　　　　　河　口
・小型の巻き貝（殻長1～2cm程度）。
・汽水～淡水域にすむ。

　本州中部以南の河川でふつうにみられるアマオブネガイ科の巻き貝です。幼貝は汽水域に生息し、成長するにしたがって川をさかのぼる性質があります。水槽のガラス面に付着した藻類を掃除させる目的で、ペットショップ等で売られていることもあります。
　大和川の入口となるニュートラム南港口駅付近で、岸辺の転石の下に生息していますが、それより上流部では確認できませんでした。淀川などにくらべて生息数は少ないようです。
〈石田〉

■**コウロエンカワヒバリガイ**　移入種　（図3-64）

〈特徴〉　　　　　　　　　　　　　　　　　　　　　　　　　　　　河　口
・黒色で小型の二枚貝（殻長2～3cm程度）。
・オーストラリア方面からの移入種。

図3-64　河口の転石に付着しているコウロエンカワ
　　　　ヒバリガイ（殻長約2～3cm）.

　1970年代前半ごろに西宮市の香櫨園浜で発見され、カワヒバリガイの亜種とみなされたことからこの和名がつけられました。その後三重大学の木村妙子さんらの研究により、クログチガイと同属でオーストラリアやニュージーランド原産の*Xenostrobus securis*だとつきとめられました。内湾～河口域を好む貝で、足糸により岩や人工基質に集団で付着し、懸濁物を餌としています。在来種のウネナシトマヤガイなどと生息場所が似ているため、それらと競合または排除してしまう可能性も指摘されています。現在では本州北中部以南の各地に分布を拡大しています。
　大和川河口では、転石の裏などに付着して生息しています。〈石田〉

6．河口の生物

　大和川の河口付近は海水の影響を受ける範囲（感潮域）がとても狭く、河口から２～３kmほどに限られているのが特徴です（１章参照）。このために右岸では阪神高速湾岸線の橋梁に近い新北島８丁目で、左岸ではさらに下流の築港八幡町の発電所付近まで下ってきて、やっとアオノリ（図３-65）やフジツボ（図３-66）などの海の生物と出会うことができます（2006年４-５月の観察による）。たとえば淀川では河口から約10kmさかのぼった淀川大堰でもフジツボが見られますから、それと比べると大和川の感潮域がとても狭いことがよくわかります。

　大和川河口付近で見られるアオノリの種類は、香りが良くて他の地方では食用に利用されているスジアオノリで、春季に繁茂します。フジツボは低塩分に強いアメリカフジツボ、ヨーロッパフジツボ、ドロフジツボなどで、はじめの２種は名前の通り移入種です。

　河口付近のあちこちに砂州ができていますが、たいてい粗い砂ばかりがたまっていて、ほとんど生物の姿も見られません。流れによるかく乱が強すぎるためだと思われます。しかし、南港東１丁目の右岸沿いのようすは少し違っています（図３-67）。周囲の砂州とは異なり、泥が混じっていてぬかるむところもあり、安定した干潟ができています。掘ってみると中の堆積物は真っ黒です。黒い色は、有機物が多すぎてそれを分解するための酸素が不足していることを示しています。臭気も漂っています。

　干潟の表面には約１mmの細長い球形の黒くてつやのある糞がたくさん積みあがっている所があちこちにあります（図３-68・69）。糞塊を作っている動物の正体を知りたくて周囲の土を掘り、ふるいに載せて泥や細かい砂を洗い流してみたところ、河口にたまる細かな有機物を食べる３種のゴカイ（環形動物：多毛類）を採集することができました。アシナガゴカ

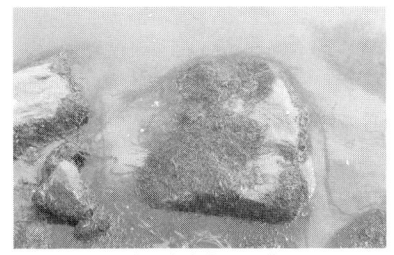

図３-65　春に密生するスジアオノリ．

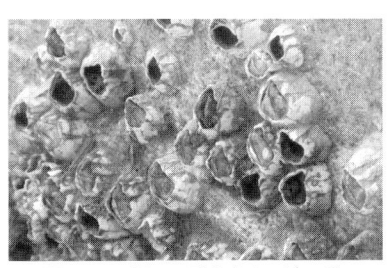

図３-66　河口に群生するフジツボ．

図３-67　南港東１丁目の干潟．

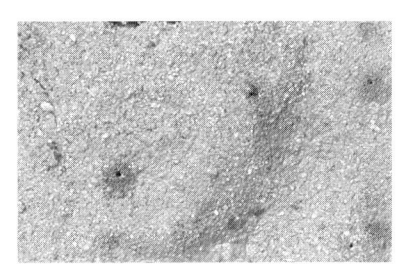

図３-68　糞塊．

図3-69　糞塊の拡大写真．

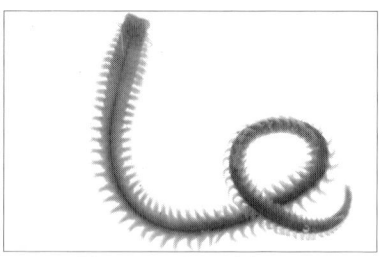

図3-70　アシナガゴカイ．

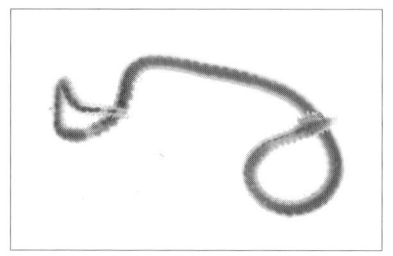

図3-71　ヤマトスピオ．

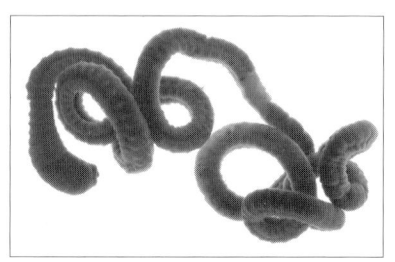

図3-72　*Notomastus*属の一種．

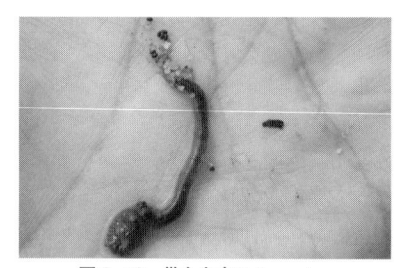

図3-73　糞を出す*Notomastus*．

イ（ゴカイ科、図3-70）、ヤマトスピオ（スピオ科、図3-71）、そして*Notomastus*属の一種（イトゴカイ科、図3-72）です。一番たくさんいたのが*Notomastus*属の一種です。これを手にとって見ると糞を排出しているところを観察することができました（図3-73）。糞塊の正体はこれにまちがいありません。

　一般に河川の河口域では、広い範囲で流れがゆるくなり、海水と混じり合うことによって有機物が沈んで堆積し、また豊富なリンや窒素などの栄養塩類によって微小な藻類やヨシなどが繁殖・繁茂し、それらが元になって、潮干狩りができるような生物の豊かな環境ができます。このような作用によって水質も浄化されます。大和川河口にもわずかですが干潟が見られ、干潟に特有の生物も生息していますが、その規模はあまりにも小さく、生物の種類も限られています。このため、大和川の水を汚している物質はほとんどそのまま大阪湾に流れ込んでいくと考えられます。〈山西・石田〉

3章　大和川水系の水辺の生き物

7．鳥類

　源流から河口まで、大和川には多くの鳥類が生息しています。大和川水系という意味では、ため池に生息する水鳥も含める必要があるでしょう。また、水鳥でなくても、その暮らしや分布に河川が関係していると考えられる鳥も取り上げることにします。なお、大和川水系には、年中生息する鳥、冬にだけ渡ってくる鳥、渡りの時に通過するだけの鳥、少数ですが夏鳥もいます。ここでは、繁殖分布を重視し、留鳥については基本的に繁殖期の分布だけを示しています。冬鳥としては、大和川を語る上で欠かすことのできないカモメ類だけを扱いました。かつて大和川河口は渡りの途中に立ち寄るシギ・チドリ類でにぎわいましたが、現在はほとんど見られなくなりました。その結果、大和川水系には渡りの途中に立ち寄る水鳥はほとんどいなくなりました。そこで、ここでは渡りの途中に立ち寄っただけと考えられる鳥は扱わないこととしました。

　調査は、繁殖コロニーや繁殖に関わる観察情報を随時募集していた他に、河川沿いの繁殖鳥類調査、河川沿いの冬鳥調査、ため池の繁殖鳥類調査、カワガラス調査、コシアカツバメ調査を行いました。

■カイツブリ科 (図3-74)

〈特徴〉　　　　　　　　　　　本　流　　　　　　　　　　　　た　め　池　河　口
・大和川水系では、カンムリカイツブリとカイツブリの2種。
・繁殖しているのはカイツブリのみ。両種とも潜水して魚を捕食する。
・カイツブリは、水上に枯れ草などを用いて浮き巣をつくる。
〈情報〉　河川沿いとため池の繁殖鳥類調査。

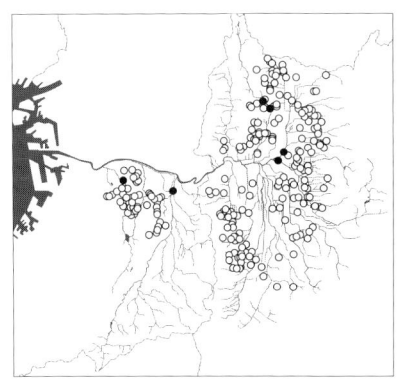

図3-74　カイツブリ．●河川沿いの繁殖鳥類調査（2004年4～6月）と，○ため池の繁殖鳥類調査（2005年4～8月）に基づく．

　カンムリカイツブリは、冬期に渡来し、大和川の河口の阪神高速湾岸線よりも海側でのみ見られます。

　カイツブリは、ため池に広く分布し繁殖しますが、河川には少なく、基本的に繁殖していません（ただし、ゴム堰などでせき止められて止水になっている場所では繁殖します）。近年、カンムリカイツブリなどの大型の魚食性鳥類が増加する一方で、カイツブリなど小型の魚食性鳥類の減少が指摘されています。しかし、大和川水系のため池には数多くのカイツブ

リが生息しています。

■**カワウ**（図3-75）

〈特徴〉　　　　　　本　流　　　　　　　　た　め　池　河　　口
・潜水して魚を捕食する。
・樹上に営巣し、繁殖コロニーを形成する。
・集団ねぐらを形成する。

〈情報〉　分布に関しては、河川沿いとため池の繁殖鳥類調査。繁殖コロニーや集団ねぐらに関しては、大阪鳥類研究グループの調査結果に詳しい。

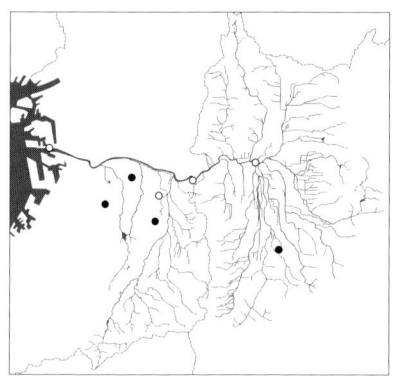

図3-75　カワウの●繁殖コロニー，○集団ねぐら．大阪鳥類研究グループの調査結果に基づく．

　現在の大和川水系では、河口から上流部にまで広く分布しています。繁殖コロニーも、橿原神宮の深田池（橿原市）、大津池（堺市）、樋野ヶ池（松原市）、ウサイ池（富田林市）の4ヶ所が知られています。大和川水系では、2000年頃から繁殖が知られるようになりました。その頃から、大和川水系でカワウが数多く見られるようになりました。養魚池などではカワウの捕食による被害が出ており、テグスを池中に張り巡らすなどの対策が講じられています。

■**サギ科**（図3-76・77）

〈特徴〉　小川・水路　本　流　　　　　　水　田　た　め　池　河　　口
・大和川水系で繁殖しているのは、ヨシゴイ、ミゾゴイ、ゴイサギ、ササゴイ、アマサギ、ダイサギ、チュウサギ、コサギ、アオサギの9種。
・魚を捕食する種が多いほか、昆虫や両生類なども捕食する。
・ミゾゴイとヨシゴイ以外の7種は通常樹上に集団で営巣する。ササゴイ以外は、他種と混合コロニーをつくることも多い。

〈情報〉　河川沿いとため池の繁殖鳥類調査、及び随時集めた繁殖コロニーの情報。

　ミゾゴイは岩湧山周辺で繁殖しており、ヨシゴイも大きめのヨシ原のあるため池（堺市大津池や松原市寺池で繁殖期の記録あり）で繁殖していると考えられますが、生息状況はよくわかっていません。ササゴイは、大和川本流の下流部で初夏によく観察されます。2001年には藤井寺市の大和川河川敷の林で繁殖していましたが、その後この場所での繁殖は見られな

図3-76 アオサギ．大和川水系の一番あちこちで見かける灰色の大きなサギ．

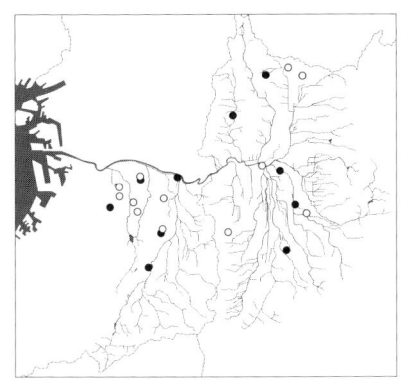

図3-77 サギ類の繁殖コロニー．2001年～2006年の確認地点．○アオサギのみ，●アオサギ以外も繁殖．

くなり、2006年現在繁殖地は見つかっていません。その他6種の繁殖コロニーは、今回の調査で22ヶ所確認されました。このうちチュウサギの繁殖が確認されたのは、あやめ池だけです。アマサギとダイサギの繁殖地も少なく、それぞれ6ヶ所と2ヶ所（あやめ池と樋野ヶ池）しかありません。一番多くの場所での繁殖が確認されたのはアオサギで、20ヶ所で繁殖が確認され、その内12ヶ所はアオサギだけの繁殖地でした。

河川で観察されるサギ類は、季節を問わず、多い順にアオサギ、コサギ、ダイサギと並びます。あとは、ゴイサギとササゴイが少数観察される程度です。アオサギは、上流部から河口にまで最も広く分布しています。

■**カモ科**（図3-78）

〈特徴〉　　　　　　　　　本　流　　　　　　　　　た め 池 河　　口
・大和川水系で毎年記録されるカモ類は、大部分が陸ガモで13種程度。
・繁殖しているのは、マガモとカルガモ。ただしマガモは、アイガモなど家禽由来である可能性が高い。
・マガモやカルガモは水辺の地上に営巣する。
〈情報〉　河川沿いとため池の繁殖鳥類調査。

カモ類の多くは冬鳥として渡来します。オシドリ、トモエガモ、ヨシガモ、ミコアイサは、水上池など一部のため池などで見られるに過ぎません。全体的に浅い大和川水系の河川で見られるのは、おもに潜水しない陸ガモです。ホシハジロやキンクロハジロといった潜水ガモは、阪神高速湾岸線より海側にほぼ限られます。河川で見られるカモ類は、多い順にヒドリガモ、コガモ、カルガモ、マガモと並びます。

カルガモは、河川でもため池でも、山間部を除く広い範囲に分布しています。しかし、今回の調査の結果、河川ではしばしばヒナ連れが確認されたのに対して、ため池での繁殖確認例はわずか2例だけでした。マガモ（おそらく家禽由来）も、カルガモ同様広い範囲で記録され、少数ですがヒナ連れも確認されました。

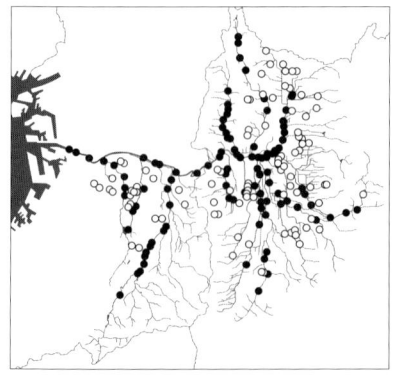

図3-78 カルガモ．●河川沿いの繁殖鳥類調査（2004年4～6月）と，○ため池の繁殖鳥類調査（2005年4～8月）に基づく．

■**クイナ科**（図3-79・80）

〈特徴〉　　　　　　本　　流　　　　　水　　田　た　め　池
・大和川水系では、ヒクイナ、バン、オオバンの3種が繁殖し、他にクイナが冬鳥として渡来する。
・いずれも水辺で昆虫などの動物や、植物を採食する。
・オオバンだけが潜水できる。
・いずれも水辺の地上で営巣する。
〈情報〉　河川沿いとため池の繁殖鳥類調査、河川沿いの冬鳥調査。

図3-79 オオバンのヒナ．松原市上田2丁目の寺池にて，2005年8月10日撮影．

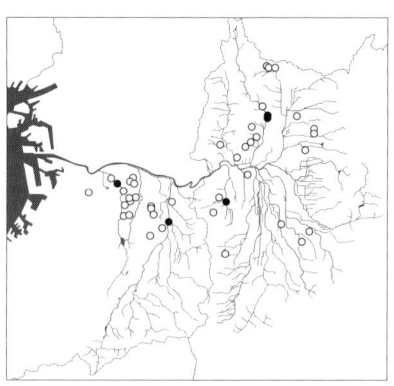

図3-80 バン．●河川沿いの繁殖鳥類調査（2004年4～6月）と，○ため池の繁殖鳥類調査（2005年4～8月）に基づく．

　ヒクイナは、繁殖期の観察記録があり（堺市金岡町のため池など）、大和川水系で繁殖していると考えられますが、詳しい生息状況はわかっていません。夜行性のためもあって、今回の調査では確認されませんでした。

　クイナは、水上池と石川で確認されました。草の間に隠れて発見の困難な鳥なので、見落

3章　大和川水系の水辺の生き物

としも多いものと考えられます。

　バンは、平地を中心にため池に広く分布し繁殖しますが、河川には少なく、基本的に繁殖していません（ただし、ゴム堰などでせき止められて止水になっている場所では繁殖します）。今回の調査では、奈良盆地東部や南部に少ない傾向が認められました。

　オオバンは、繁殖期のため池調査において、水上池（奈良市）、白川溜池（天理市）、寺池（松原市）の3ヶ所でのみ記録されました。この内、寺池ではヒナを連れているのが確認されました（図3-79）。

■タマシギ科、チドリ科、シギ科（図版7図52、図3-81）
〈特徴〉　　　　　　　　　　　河川敷　水田
・大和川水系では、タマシギ、コチドリ、イカルチドリ、ケリ、イソシギの5種が繁殖。
・冬鳥としてタゲリ、クサシギ、タシギなどが渡来する。
・渡りの季節には、シロチドリやハマシギなども記録される。
・いずれも水辺で昆虫などの動物や、植物質を採食する。
・タマシギは水田や放棄水田で、コチドリは農耕地周辺や河川敷で、イカルチドリは河川敷のみで、ケリは農耕地で、それぞれ繁殖。イソシギは、河川敷での繁殖例がある。
・タマシギは水田の中で、その他は裸地に近い地上で営巣する。
〈情報〉　河川沿いとため池の繁殖鳥類調査、河川沿いの冬鳥調査。

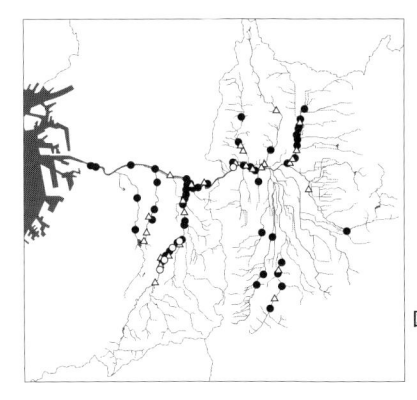

図3-81　河川敷の●コチドリ，○イカルチドリ，△イソシギ．河川沿いの繁殖鳥類調査（2004年4～6月）に基づく．

　タマシギは、繁殖期の観察記録があり（石川下流部や矢田丘陵など）、大和川水系で繁殖していると考えられますが、詳しい生息状況はわかっていません。夜行性のためもあって、今回の調査では確認されませんでした。

　コチドリは河川の中流から下流、及び水田周辺で記録され、イカルチドリは主に石川の中下流部でのみ記録されました。イソシギは繁殖期に広く記録されましたが、石川でのみ繁殖が確認されています。ケリは、石川中下流部周辺や奈良盆地の低地を中心に、農耕地に広く生息し、繁殖しています。

　渡りの季節には、かつて河口には、多くのシギ・チドリ類が渡来していましたが、近年はすっかり少なくなってしまいました。それでも渡りの季節には、シロチドリ、ハマシギ、キアシシギ、アオアシシギなどが観察されます。

また、シロチドリ、クサシギ、タシギは越冬しているようで、冬の大和川で記録されます。アオシギも冬期に石川などの河川上流部での記録があり、少数が渡来し越冬していると考えられます。

■**コアジサシ**（図3-82）
〈特徴〉　　　　　本　流　　　　　　　　ため池　河　口
・4月頃に渡来する夏鳥。
・空中からダイブして、魚を捕食する。
・河川敷や埋立地などの裸地の地上で営巣する。
〈情報〉　河川沿いとため池の繁殖鳥類調査。

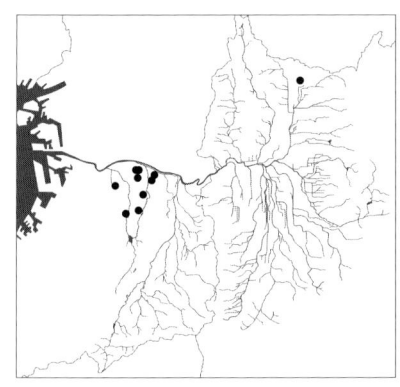

図3-82　●コアジサシ．河川沿いの繁殖鳥類調査（2004年4〜6月）と，ため池の繁殖鳥類調査（2005年4〜8月）に基づく．

　春から初夏には、河口付近では数多く見られます。大阪府では内陸のため池や河川でもしばしば観察されます。大規模な繁殖地は知られていませんが、石川で少数の繁殖例があります。

　奈良盆地では、水上池でのみ記録されましたが、これは木津川水系から飛来したものと考えられ、奈良盆地では繁殖していないと考えられます。

■**カモメ科（コアジサシ以外）**（図3-83・84）
〈特徴〉　　　　　本　流　　　　　　　　ため池　河　口
・大和川水系で毎年記録されるカモメ類は5種。
・本来は魚や水辺の小動物を捕食するが、近年のユリカモメは人に給餌されるパンなどを主に採食していると考えられる。
・大阪湾の海上で眠り、朝河川を遡上し、夕方再び海へ戻る。
〈情報〉　河川沿いの冬鳥調査。

　大和川河口には、冬はユリカモメを中心に、セグロカモメ、オオセグロカモメ、カモメ、ウミネコと大阪湾で普通に見られるカモメ類がそろいます。大阪湾岸でも最大規模の冬のカモメ類の集結場所になっています。ユリカモメは、大阪府部分の大和川、及び西除川、東除川、石川の中流部にまで遡るほか、しばしば周辺のため池でも見られます。奈良盆地では、奈良側の大和川でセグロカモメが1羽確認されただけでしたが、ユリカモメが観察されるこ

3章　大和川水系の水辺の生き物

図3-83　ユリカモメ．

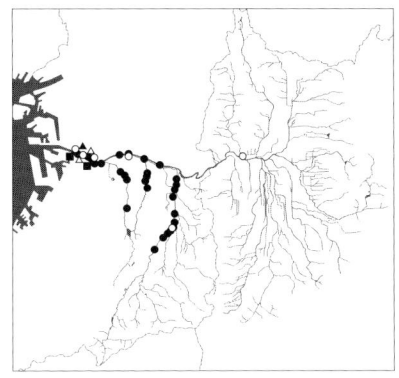

図3-84　河川の●ユリカモメ，○セグロカモメ，▲オオセグロカモメ，△カモメ，■ウミネコ．河川沿いの冬鳥調査（2004年12月～2005年2月）に基づく．

ともあると言います．

夏場にも、大和川河口ではウミネコと、少数のユリカモメが見られますが、繁殖はしていません。

■**カワセミ科**（図3-85）

〈特徴〉　　　　　本　　流　　　　　　　　　　　　た め 池
・大和川水系では、ヤマセミとカワセミの2種。
・いずれも空中からダイブして、魚を捕食する。
・土崖に横穴を掘って営巣する。
〈情報〉　河川沿いの繁殖鳥類調査、河川沿いの冬鳥調査ほか。

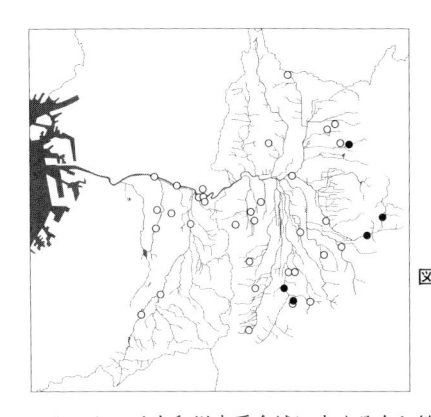

図3-85　●ヤマセミ，○カワセミ．カワセミは，河川沿いの繁殖鳥類調査（2004年4～6月）と，ため池の繁殖鳥類調査（2005年4～8月）に基づく．ヤマセミは，2004年4月～2006年6月のすべての確認地点．

カワセミは大和川水系全域に広く分布し繁殖します。

ヤマセミは初瀬川、曽我川、菩提仙川の上流部で記録されました。冬期には河内長野市の石川でも記録されることがあり、河内長野市では繁殖例もあります。

■ツバメ科、ヒメアマツバメ（図3-86・87）
〈特徴〉　　　　　　　　本　　流
・大和川水系で繁殖するツバメ類は、ツバメ、コシアカツバメ、イワツバメの3種。この内、コシアカツバメとイワツバメは、しばしば橋の下に営巣する。
・いずれも、飛びながら主に飛翔昆虫を捕食する。
・人工物に、主に泥を使って巣をつくる。ヒメアマツバメはコシアカツバメやイワツバメの巣を利用して営巣する。
〈情報〉　コシアカツバメ調査、その他随時繁殖情報を収集。

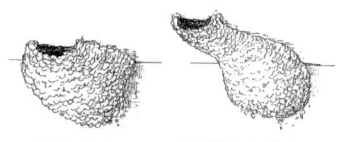

図3-86　コシアカツバメとイワツバメの巣．外丸須美乃氏画．

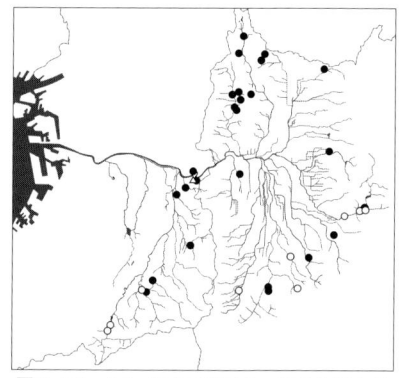

図3-87　△ヒメアマツバメ，●コシアカツバメ，○イワツバメ．2004年〜2006年に利用を確認した巣の位置．

　ヒメアマツバメは、柏原市国分東条町のコシアカツバメの繁殖コロニーで繁殖していることが2006年に確認されました。
　コシアカツバメの繁殖地は、山手に多く点在しています。ただし個々の繁殖地での常巣数は少なく、10巣を越えるのは生駒市と柏原市に数ヶ所見られるのみです。
　イワツバメは、石川水系上流部に3ヶ所、葛城川沿いに1ヶ所、吉備川と高取川沿いにそれぞれ1ヶ所、初瀬川沿いに3ヶ所、合計9ヶ所の繁殖地を確認しました。いずれも川の上にかかる橋や高架の下に営巣していました。大和川水系の南よりに点在しています。
　ツバメは、夏を中心に大きな集団ねぐらをつくります。大和川水系では、奈良盆地に2ヶ所程度のツバメの集団ねぐらが形成されます。北部の平城宮跡の集団ねぐらは、古くからよく知られています。南部にも2004年には奥田池（大和高田市・葛城市）に集団ねぐらが形成されていましたが、2005年には見られませんでした。

3章　大和川水系の水辺の生き物

■セキレイ科（図3-88）

〈特徴〉	小川・水路		河川敷	水	田	ため池	河　口

・大和川水系では、キセキレイ、ハクセキレイ、セグロセキレイの3種が繁殖する。
・水辺の昆虫などを採食する。
・すき間で営巣し、しばしば人家など人工物を利用する。
〈情報〉　河川沿いの繁殖鳥類調査。

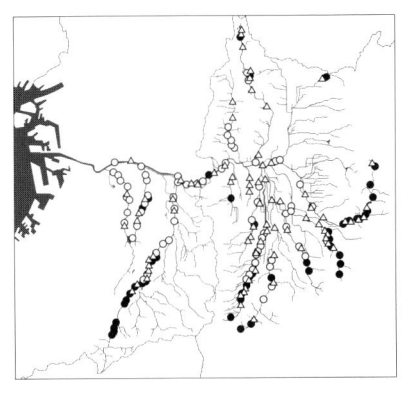

図3-88　河川の●キセキレイ，○ハクセキレイ、△セグロセキレイ．河川沿いの繁殖鳥類調査（2004年4～6月）に基づく．

　上流部にはキセキレイが、中流部の農耕地周辺を中心にセグロセキレイが生息し、下流部や市街地周辺でハクセキレイが分布するという傾向が認められます。

■イソヒヨドリ（図3-89）

〈特徴〉			河川敷				

・かつては海岸の鳥と考えられていたが、近年内陸へ進出が目立つ。その際、河川沿いに広がっている傾向がある。
・人工物のすき間などで営巣する。

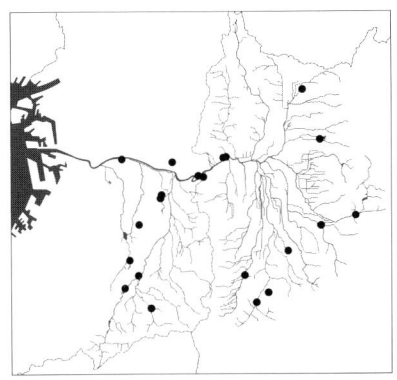

図3-89　繁殖期の●イソヒヨドリ．2001～2006年の3～7月の確認地点．

大和川水系でも内陸に進出しており、奈良盆地を含め、大和川水系全域に生息地が点在していることが明らかになりました。

■**カワガラス**（図3-90・91）

〈特徴〉　　　　　　本　　流
・河川上流部にのみ生息。
・川底を歩いて水生昆虫の幼虫を採食する。
・水辺のすき間にコケを使った巣をつくる。
〈情報〉　カワガラス調査。

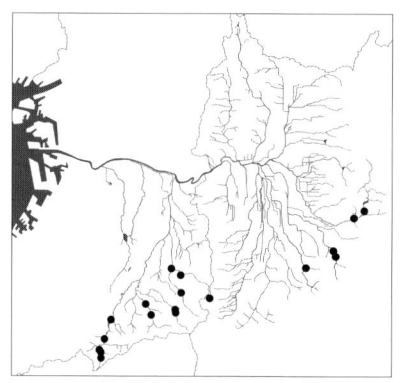

図3-91　カワガラス．石川源流部にて撮影．

図3-90　繁殖期の●カワガラス．2005年1～6月と2006年1～6月の確認地点．

おもに渓流に生息しますが、大和川水系の河川は、上流部が渓流ではなく、田んぼの水路であることが多いので、あまりカワガラスは多くありません。それでも調査の結果、奈良県の初瀬川・寺川・飛鳥川、大阪府の水越川・千早川・石見川・天見川・石川で生息を確認しました。

■**河川敷で繁殖する鳥**（図3-92）

〈特徴〉　　　　　　河　川　敷
・河川敷周辺の草地では、キジ、ヒバリ、オオヨシキリ、セッカが繁殖する。
・キジとヒバリは地上で営巣し、オオヨシキリとセッカは草に巣をかけて繁殖する。
〈情報〉　河川沿いとため池の繁殖鳥類調査、及び随時集めた繁殖情報。

4種とも、石川中下流部周辺や奈良盆地の低地を中心に生息し、繁殖しています。その他に移入種のベニスズメが石川河川敷などで観察されており、草地で繁殖している可能性があります。〈鳥類：和田〉

3章　大和川水系の水辺の生き物

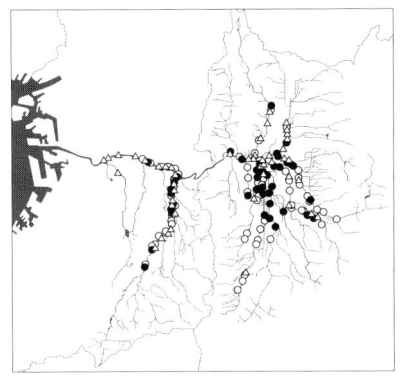

図3-92　河川敷の○ヒバリ，●オオヨシキリ，△セッカ．河川沿いの繁殖鳥類調査（2004年4～6月）に基づく．

プロジェクトY 参加者の感想　「もう行きたくない」から始まったプロジェクトY

　「繁殖期のため池の鳥の調査」は、初日に「もう行きたくない！」と思う程とても大変でした。担当した地域は学芸員お勧めの地区だったけれど、私の家からはかなり遠かったうえに、調査期間も5月～7月と暑い時期。その上、調査初心者の私には、1番目に調査しようとしていた池が、広い田んぼの真ん中にある丘みたいな所にあり、ちゃんとした道がなく畦を通っていくので、なかなか見付けることができませんでした。思っていた以上に大変で時間がかかり、初日は予定の半分もできず、心身ともに疲れて帰宅しました。けれどなぜか次の日、他のため池も見てみたくなり、効率良く回れるルートを探し、調査を再開。雨の日は調査できず晴れの日を待っていたら日が過ぎていき・・。しかし、俄然ヤル気が出てきて、数日かけて暑い中ひたすら歩いて歩いて調査終了。

　ため池の何ヶ所かは埋め立てられていて残念だったけれども、いろいろな種類の水鳥がいて池の周りも木が生茂った自然のままの状態に近い池が住宅街のすぐそばにあったり、交通量の多い道路に面している池でもカイツブリがヒナを連れていたりと、身近に自然を感じられる池がまだ多く残っていたのが印象的でした。

　このため池の調査が終わって一年経つのに、どんな時もため池を見ると吸い寄せられるように近づいてしまう変な癖がついてしまって、ちょっと困っています。

〈古谷亜矢子〉

8．哺乳類

　日本の在来哺乳類で、河川の水路内をおもな生活場所にするのはニホンカワウソとカワネズミです。このうち、ニホンカワウソは、かつては日本各地に生息していましたが、今ではほとんど絶滅してしまいました。大和川水系にも生息していたといいますが、詳しい記録は残っていません。一方、河川敷をよく利用する哺乳類は、大和川水系でもネズミ類やモグラ類といった小型哺乳類から、タヌキやイタチなどの中型哺乳類まで数多くいます。近年は、移入種であるアライグマも河川敷をよく利用しています。ここでは、河川をおもな生活場所にするカワネズミと、河川敷でしばしば確認できるということで調査を行ったカヤネズミ・アライグマに絞って取り上げます。

　調査は、アライグマの生息情報を随時募集したほかは、カヤネズミの分布調査を行いました。

■カワネズミ

〈特徴〉　小川・水路
・渓流に生息する大型の食虫類。
・水に潜って活動し、サワガニやカワニナなどを捕食。
〈情報〉　主に文献調査。

　カワネズミは奈良盆地では確認例がなく、大阪府河内長野市の石川と石見川の源流部でのみ観察例があります。調査が不充分で、正確な分布が把握できているわけではありませんが、渓流が多くない大和川水系では、生息できる場所は限られていると考えられます。

■カヤネズミ（図3-93・94）

〈特徴〉　河川敷　水田
・日本で一番小さなネズミ。500円玉程度の重さしかない。
・草の上に球巣をつくり、その中で子育てをする。
・巣を見つけることで比較的容易に分布を把握できる。
〈情報〉　2004年9月から2006年3月まで巣の情報を収集。2005年9〜12月には分担して調査。

　カヤネズミは大和川水系では、大和川や石川の河川敷、寺川や葛城川の土手で生息を確認した他、山手の農耕地周辺に広く分布しています。ただし、富雄川や佐保川、曽我川など、大きな河川でも分布していない場合もあります。生息している場合も、わずかに残された草地に少数生息している場合が少なくありません。

　近年、丘陵や山手の農耕地の開発が進み、河川敷の整備も進み、カヤネズミが生息できる草地がどんどん減少しています。カヤネズミの生息地は確実に減っていると考えられます。また、カヤネズミは草地からほとんど離れないので、大きな道路などで草地が分断されるのも大問題です。そんな中で、生活場所を奪われたカヤネズミの個体数は、減っていると考えられます。

3章　大和川水系の水辺の生き物

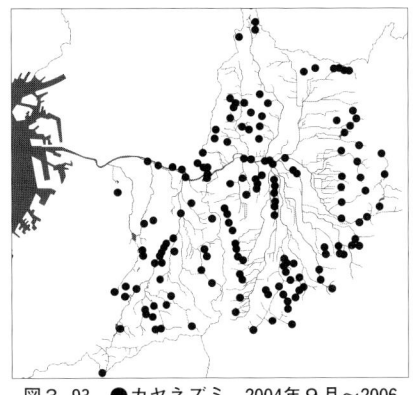

図3-93　●カヤネズミ．2004年9月〜2006年3月に確認された巣の位置．

図3-94　カヤネズミの巣．2005年12月5日天理市．

■アライグマ　移入種　（図3-95・96）
〈特徴〉　小川・水路　　　　　　河　川　敷　水　　　田　た　め　池
・北アメリカから持ち込まれた移入種。
・夜行性なので姿を確認するのは困難だが、水辺でよく活動するので、その特徴的な足跡で生息を確認できる。
・水辺から山林、市街地まで、活動範囲は広い。
〈情報〉　随時生息情報を募集。水辺での調査時には足跡を探した。

図3-95　アライグマの足跡．2005年1月21日葛城川．

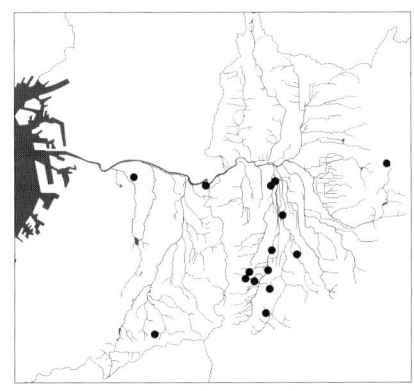

図3-96　●アライグマ．2002年11月〜2006年5月に確認した足跡の位置．

　大阪府では、2004年時点でほぼ全域に生息することが知られており、今回の調査結果は分布の現状を充分には示していないと考えられます。奈良盆地の情報も不充分と考えられますが、今回の調査の結果、少なくとも奈良盆地南部を中心に広く分布していることが示唆されました。〈哺乳類：和田〉

プロジェクトY 参加者の感想　プロジェクトYとの5年間

　私とプロジェクトYとの出会いは、2002年秋、大阪市大で行われた水質調査の説明会に始まる。京都府に住んでいるのだが、大和川の支流富雄川の上流ならいけそうと参加した。それから、秋冬春夏2年間、一斉採水を入れて計9回、何とか欠かさず、水汲みを続けた。水の分析には参加できなかったが、まとめの会での報告が楽しみだった。甲虫班の調査は、2003年の春から始まり、合宿や冬の学習会には欠かさず参加したが、経験不足で自らの調査は進まない。2005年、突然はやり出した○○洗い流行におくれてはならじと甲虫班のヒメドロムシ調査会に参入。9月、初瀬川で初めて○○洗いに挑戦した。すでに達人のT氏の華麗な技を見よう見まねで○○洗い。むむむ‥、小さい！肉眼での同定は無理。結局、同定は冬のヒメドロムシの勉強会までおあずけだった。でも、その中に、大和川水系17種目の1頭が含まれていたのだから、偶然とはいえうれしい限り。

　2004年には「川で繁殖する鳥」の研修後、水汲みをしている富雄川の鳥の調査を担当した。まずは地図とにらめっこして、流路と交通機関と距離を考え、1日の行程を計画する。川に沿って歩きながら、調査対象の鳥の個体数や行動を記録する。それまで、セキレイだ‥ぐらいで、ぽーっとバードウォッチングを楽しんでいたのに、調査となると一瞬でハクかセグロかなど種を見分け、個体数を数えなければならない。春と冬、4日間調査しただけだが、調査の楽しさを体験できた。

　そして、楽しみだったのはプロジェクトYの報告会。自分でとったデータはほんの少しだが、それも生かされ、たくさんの人のデータが集まり、学芸員がまとめ考察してくれる。他の班や参加できなかった調査の話もいつも興味深く聞かせてもらった。

　大和川関連の行事にもいくつか参加した。大和川の源流初瀬川が天理市の田んぼから始まることや大和川の河口にもたくさんの魚たちがいることなどこの目で確かめることができた。

　足掛け5年、都会を流れる1つの川の様々な顔を、時間と自然と人の織り成す大きなストーリーの一部を垣間見ることができたように思う。また、たくさんの人と楽しい時間を過ごせたことに感謝している。〈永井敦子〉

9．昆虫類

　河川にすむ昆虫には、水中に生息する水生昆虫類（河川本体にすむもの、河川敷にできる水溜まりなどにすむもの）、河川敷の地表や植物体上にすむ陸生昆虫類がいます。

　大和川は人口密度の高い地域を水系としているため、河床や河川敷の人工化が進んでいるところが多く、淀川などに比べると、昆虫相は水生・陸生ともに貧弱といわざるを得ません。特に中・下流域ではカワラハンミョウやカワラバッタのように、過去に分布記録がありながら、すでに絶滅したと考えられる河川性昆虫も知られています。

　一方、上流域には河川性昆虫類が生息できる環境が比較的よく残されており、甲虫班で精力的に調査を行ったヒメドロムシ類では、分布が想定されるほとんどの種類が見つかっています。大阪府河内長野市の石川源流域などでは、自然な渓流がかなりよく残されており、ムカシトンボなどの渓流性の昆虫類も多く生息しています。〈初宿〉

■ハグロトンボ（図3-97、図3-98）

〈特徴〉　小川・水路　本　流　　　　　　　　　　　　　　河　口
・大型のカワトンボで、アオハダトンボに似るが、オス腹端腹面に目立った白紋がなく、メスのハネに白い紋がない。

図3-97　ハグロトンボ（石川）．腹長49～52mm．

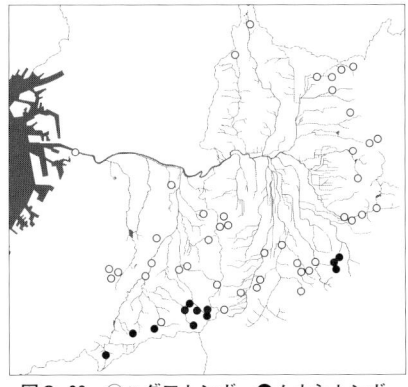

図3-98　○ハグロトンボ，●ムカシトンボ．

　中国、朝鮮半島、本州と周辺離島に生息し、平地・丘陵地の水生植物の多い緩い流れにすんでいます。成虫は5～10月に多く、水辺の植物に静止したり、ホバリングする姿がよく見られます。今回の調査で、河口部でも本種の成虫と幼虫らしきものが発見され、大和川を代表するトンボと言えます。〈金沢〉

■ムカシトンボ（図版7図53、図3-98）

〈特徴〉　その他の環境
・体はサナエトンボに、ハネは基部が細くてアオイトトンボ類に似る。

　原始的な特徴を多くもつ中型のトンボです。所属するムカシトンボ科の現生種は、ヒマラ

ヤムカシトンボと本種の2種しかいず、遺存的なグループであり、「生きた化石」と言える存在です。幼虫は渓流の石の下にすみ、7～8年で成虫になります。幼虫は水辺を離れて、長い期間過ごすことが知られており、水辺から30メートルも移動した例が知られています。石川の上流部に生息地がいくつかあります。〈金沢〉

■オオヤマカワゲラ（図3-99）

〈特徴〉 その他の環境
・体は平たく長い。頭部は暗褐色～黒色。翅は褐色で、とまっているときは腹部の上に重ねられている。

図3-99　交尾中のオオヤマカワゲラ．右がメスで体長約25mm.

カワゲラのなかまでは体の大きな種です。5月～6月の成虫の出現期には、川岸で交尾している個体を観察することができます。幼虫は扁平で、渓流のやや流れの緩やかな場所の石の間で生活していて、成虫になるのに3年かかり、年中見られます。大和川水系では上流部に多く見られます。〈谷田・松本〉

■クルマバッタ（図3-100・101）

〈特徴〉 その他の環境
・名は後翅の独特な黒い半月紋の形から。クルマバッタモドキとは前胸背後縁の突出の程度、後翅の模様の違いなどで見分けられる。

図3-100　クルマバッタ（奈良公園，♂）．体長40mm.

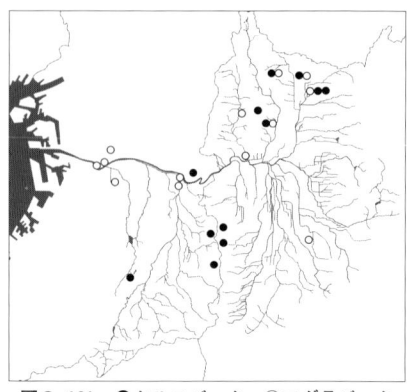

図3-101　●クルマバッタ，○マダラバッタ．

トノサマバッタが棲むような場所に比べると浅く、狭い範囲の草地にも見つかりますが、比較的安定した草原を好むようです。変化の激しい草原を好むクルマバッタモドキとは対照的な存在です。〈河合・金沢〉

■マダラバッタ（図3-101・102）

〈特徴〉　　　　　　　　　　河　川　敷　　　　　　　　　　　　河　　　口
・後ろ足のスネが黒、青、赤の3色模様になっているのが特徴。体の色は緑型と褐色型があるが、全身が単色にはならないので、わかりにくい。時々体の一部が赤紫色になる個体がでる。

図3-102　マダラバッタ．体長25〜35mm．

海岸性起源と考えられている昆虫で、浅い草地か状況がよく変化する草地に多いバッタです。よく飛びますが、あまり長く飛びつづけることはありません。メスに近づくとき、オスは後ろ足を前翅にこすりつけて、鳴きながら歩く行動が見られます。大和川水系では中・下流部に特に多いようです。〈河合・金沢〉

■トガリアメンボ　移入種　（図3-103・104）

〈特徴〉　　　　　　　　　　　　　　　　　　　　　　　　　　た　め　池
・腹部の先端のとがり方が強く、この名がついた小さなアメンボ。無翅型と有翅型があり、無翅型の胸部背面に円形の斑紋がある。

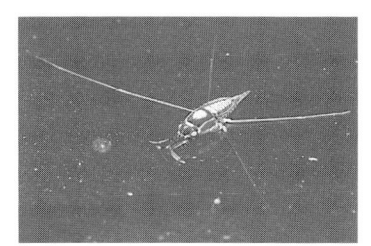

図3-103　トガリアメンボ（無翅型）．体長約4mm．中谷憲一氏撮影．

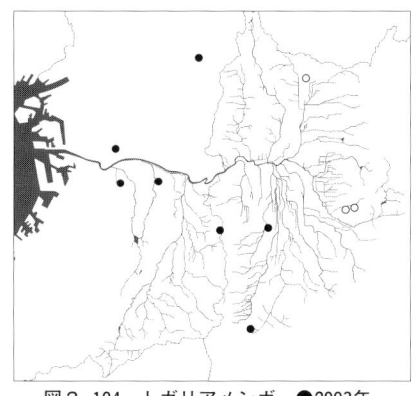

図3-104　トガリアメンボ．●2003年，○2004年．

2001年8月に淡路島で初めて発見された外来性の種類です。その後、兵庫県南部、大阪府、

— 79 —

和歌山県北部に拡がり、2006年には西は広島県、東は滋賀県、三重県、南は香川県、徳島県まで生息しています。おそらく卵で越冬して、5月頃に幼虫が現れ、夏前に成虫が羽化します。大和川水系の植物の多いため池に生息しており、分布を拡大中です。〈金沢〉

■ナベブタムシ（図3–105）

〈特徴〉　その他の環境
・体は平たく丸い。頭部は中央が前に突き出ている。前翅はふつう短く、丸い板状。

図3–105　ナベブタムシ．体長8～9mm．

　水の中に住むカメムシのなかまで、渓流の石の間にたまった砂れきの中で生活しています。他の水生昆虫を捕まえて、針のような口で体液を吸います。水中にとけた酸素を利用して呼吸し、幼虫から成虫まで完全な水中生活を送ることができます。大和川水系では飛鳥川や河内長野の加賀田川、石見川など上流の渓流部で見つかっています。〈谷田・松本〉

■カワラハンミョウ　絶滅？　（図版7図54）

〈特徴〉　　　　　　　　　　　河　川　敷　　　　　　　　　河　　口
・他のハンミョウ類に比べて体表に白い部分が多く、砂地環境では非常に見つけにくい。

　良好で広い砂地環境で、あちこちとびまわり、他の昆虫などを捕食しています。全国的にも少なくなったハンミョウの一種で、環境省のレッドデータブックでは絶滅危惧Ⅱ類となっています。大阪府には大和川河口などで分布記録がありましたが、現在では本種のすめる環境がすでに無くなったとみなされ、絶滅種として扱われています。今回の調査でも、同じハンミョウ科のエリザハンミョウ、コハンミョウは河川敷で見つかっていますが、本種は見つかりませんでした。〈初宿〉

■カワラゴミムシ　絶滅？　（図3–106）

〈特徴〉　　　　　　　　　　　河　川　敷
・ゴミムシ類に近縁だが、半球形の体にかなり細長い触角や脚がついた特異な形態をもつ。カワラゴミムシ科に属し、日本では1種のみ。

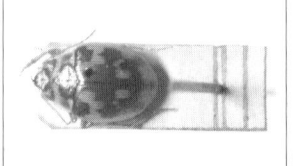

図3–106　カワラゴミムシ．体長5.5–6.5mm．

3章　大和川水系の水辺の生き物

　カワラゴミムシは砂地をすばしこく走る甲虫です。良好な環境にのみすむことから、全国的にも産地は多くありません。大和川の情報は1938年の標本が残されているのみです。現在の大和川では絶滅したものと思われます。〈初宿〉

■**カワチマルクビゴミムシ**（図3-107）
〈特徴〉　　　　　　　　　　河　川　敷
・前胸背板はハート型で、前胸背板と上翅の周縁が黄褐色。
・河原にすむゴミムシの代表

図3-107　カワチマルクビゴミムシ．体長12〜14mm．

　ゴミムシ類は地表で小動物などを捕まえて食べる甲虫のなかまです。本種は河川環境を特徴づけるゴミムシのひとつで、湿った河川敷の石やゴミの下にすんでいます。大和川水系では羽曳野市の石川や大和川・石川合流点などの中・下流域で見つかっています。〈初宿〉

■**セスジゲンゴロウ類**（図3-108）
〈特徴〉　　　　　　　　　　河　川　敷　　　　　　　　　　　　河　　口
・淀川では合計5種が見つかっているが、いくつかは外見では区別ができず、雄交尾器などで確認が必要。

図3-108　カンムリセスジゲンゴロウ．体長4.7-5.7mm．

　セスジゲンゴロウ類は、川の水位がひいたあとに河川敷にできる水溜まりで見つかるなかまです。干上がっても次の増水をそのまま待ち続けているようで、ゴミや石の下から見つかることがあります。1978年に堺市浅香の大和川で採集されたカンムリセスジゲンゴロウの標本が自然史博物館に残されています。大阪府下の大和川には、かつては河川敷に多数生息していた可能性がありますが、近年の調査では、柏原市河内橋付近の河川敷のゴミの下で1雌（種同定不能）が見つかっているのみです。〈初宿〉

■ツシマヒラタシデムシ（図3-109・110）

〈特徴〉　　　　　　　　　河　川　敷
・近縁のオオヒラタシデムシに似るが、触角の先端5節が太いことや、上翅の筋などで区別できる。

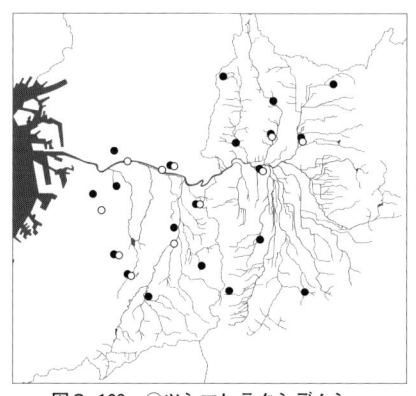

図3-110　ツシマヒラタシデムシ．体長17～23mm．

図3-109　○ツシマヒラタシデムシ，●オオヒラタシデムシ．

　シデムシ類は動物の死体などに集まる甲虫です。本種はおもに中国大陸から朝鮮半島、対馬にかけて分布する種類ですが、なぜか飛び離れて関西の平野部に分布しています。近縁のオオヒラタシデムシよりは、より草原環境を好むと考えられています。〈初宿〉

■ヒメドロムシ類（図3-111・112）

〈特徴〉　小川・水路　本　　流
・小型の甲虫で、一般に脚が長く、爪が発達する。表面の点刻に特徴があるものが多く、明瞭な斑紋や光沢のある顆粒状鎖線をもつものもいる。白布を使って調査。

図3-111　ツブスジドロムシ．
体長1.1～4.6mm．

　ヒメドロムシ類は川底の石などにしがみついて、藻類などを食べている甲虫です。これまで、大和川水系で18種が見つかっています。マルヒメツヤドロムシ、ツブスジドロムシは下流域を除いた水系に広く分布することがわかりましたが、クロサワドロムシ、セアカヒメド

3章　大和川水系の水辺の生き物

ロムシなどは渓流部・上流部にほぼ分布が限定されています。〈初宿〉

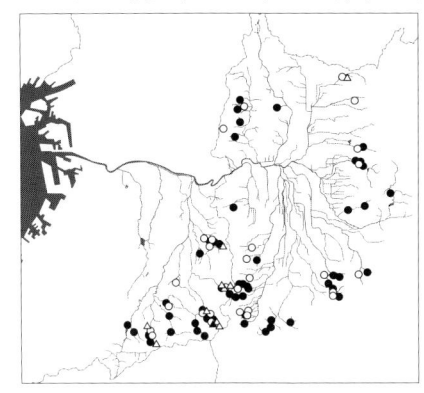

図3-112　●マルヒメツヤドロムシ，○ツブスジドロムシ，△セアカヒメドロムシ，▲クロサワドロムシ（千早川上流）．

■ゲンジボタル（図版7図55、図3-113）

〈特徴〉　小川・水路　本　　流

・体長10〜16ミリ。胸の「十」字もようが特徴。やや黄緑がかった明るい光で明滅する。ヘイケボタルは、胸のもようと白っぽい光であることで、本種と異なる。
・大和川水系の上流域には分布地がたくさんある。

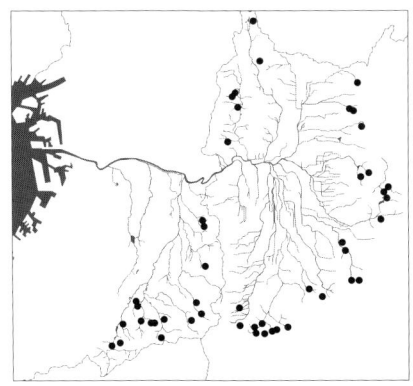

図3-113　●ゲンジボタル．

　きれいな川にすむイメージを持たれ、大和川水系とは無関係のように思えますが、上流域には必ずと言っていいほど、本種が分布していることがわかりました。〈初宿〉

■マクガタテントウ（図3-114）

〈特徴〉　　　　　　　　　　河　川　敷

・体長3.0〜3.8ミリ。上翅基部に大きな、同先端部に小さな、それぞれ赤い紋がある。

　河川環境に、特有に観察される種類で、石川の中下流部の河川敷で多く見つかっています。

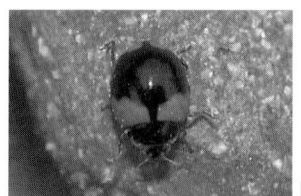

図3-114　マクガタテントウ.

河川敷の植物体上のアブラムシ類を捕まえて食べています。羽曳野市から柏原市の石川河川敷に多数見られます。〈初宿〉

■ジャコウアゲハ（図版8図56、図3-115）
〈特徴〉　　　　　　　　　河　川　敷
・胸腹部の側面に赤色や黄色の毛が生えている。オスはオナガアゲハに似るが、前翅はより太い。

　河原に生えるウマノスズクサ類を食草とする在来のアゲハチョウです。東北地方より南に生息し、年2〜3回成虫が羽化して、蛹で越冬します。同じウマノスズクサを食草とするホソオチョウと競争関係にあると言われています。大和川水系では羽曳野市の石川や大和川・石川合流点など中流域で見つかっていますが、上流域にも広く分布すると思われます。〈金沢〉

■ホソオチョウ　移入種　（図版8図57、図3-115）
〈特徴〉　　　　　　　　　河　川　敷
・尾状突起が極端に細く、オスは白っぽいが、メスは黒っぽい。

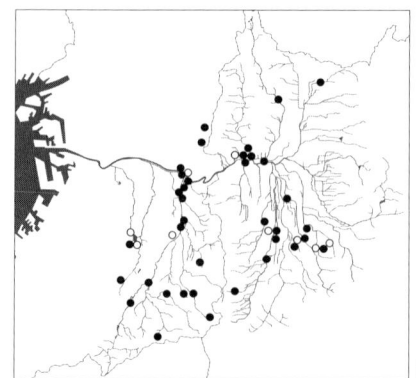

図3-115　●ジャコウアゲハ，○ホソオチョウ.

　人為的に移入されたものが、自然状態で発生をくり返しているようです。成虫は年3回ほど発生し、4〜9月に見られ、蛹で越冬します。幼虫の食草は今のところウマノスズクサのみです（P104参照）。狭山池周辺や大和川・石川合流点などで見つかっています。〈金沢〉

プロジェクトY 参加者の感想　一番がんばった甲虫班

　大和川の調査をすると聞いて、ぼくは川から300mくらいのところに住んでいるので、近いからやってみようと思いました。でも、実際は、遠いところばかりで河内長野や奈良方面には何度も行きました。トンボを追いかけ、カエルをつかまえ、カヤネズミの巣を探し、家の近くでは、足にカラーリングの付いているユリカモメを探しました。他にも、モクズガニ、カブトエビ、スクミリンゴガイ、ヘビ、カメ・・・・中でも、一番がんばったのは甲虫班です。指令はヤマトモンシデムシをさがすこと。ぼくが勝手に弟子入りしているTさんが、見つかったら大和川に飛び込んでくれるというのでがんばって探したけれど見つからず、逆にTさんの目の前で、ぼくが大和川にはまってしまったこともありました。

　次にヒメドロムシ。川にあんな小さな甲虫がいるのも知らなかったし、白い布（フ○○シ）で採れるとは思ってもみなかったです。川底にフ○○シを押さえつけ上流の石をゴソゴソかきまわしたら、黒くて小さい虫が付いていて、しばらくすると歩き出すのがわかりました。はじめて採れた時はうれしかったです。調査会では「何をしているのですか？」と、何度も聞かれました。変な人たちだと思われていたようです。でも、おじさんも、おばさんも、子どもも、みんなそろってフ○○シ洗いをしている所は、やっぱり変だったかも。

　行くだけで疲れるのに、いっぱい歩いて虫を採って帰ったら足がパンパン。それでも標本にしないといけないので、夜眠たくなって大変でした。母は自分の分だけやって、全然手伝ってくれませんでした。今まで大きい虫ばかり調べたけれど、小さい虫はルーペや顕微鏡で見ないとわかりません。生態もわかってないそうです。これからもずっと観察や採集をしていきたいと思います。〈河野勇希：小学6年生〉

10. 植物

10-1　大和川を囲んでいた照葉樹林

　大和川流域の山地は、おもに奈良盆地を囲むように広がり、大和川の水源としての重要な役割を持っています。この流域の最高峰は金剛山（1125m）であり、ブナ林が成立するような高い標高の山はそれほど多くありません（1章参照）。実際、ブナ林は金剛山、大和葛城山、和泉葛城山の山頂付近に、社寺林としてかろうじて残っているだけです。この標高以下の大部分の地域では、人間活動が本格化する以前の縄文時代にはシイやカシの仲間を主体とした照葉樹林に覆われていたと考えられます。しかし、古くから国内の中心地として栄えた大和川流域では、森林は様々な形で改変され、照葉樹林は神社仏閣の周辺に断片的にしか残っていません。

図3-116　与喜山暖帯林．長谷寺境内より撮影．

　このような中で、春日山原始林（奈良市）や与喜山暖帯林（桜井市：図3-116）といった原生林が例外的に大面積で残されていることは特筆に値します。どちらも社寺林として長く保護され、現在もそれぞれ国の特別天然記念物、天然記念物に指定されています。春日山原始林はコジイを主体とした林で、稜線にはアカガシ、谷筋にモミ、斜面上部にはウラジロガシが見られます。しかし、最近ではニホンジカの食害で低木や下草が激減し、シカが食べないものに偏ってしまっています。多様性の低下と後継樹がいないという二つの大きな問題をかかえています。与喜山暖帯林は、ふもとのイチイガシ林からコジイ林、上部のウラジロガシの多い林からなります。コジイ林の林床には暖地性の植物であるアリドオシ、イズセンリョウ、ハナミョウガなどが見られ、良好な森林環境が維持されています。これらの林床性植物は、他の断片化された照葉樹林の一部にも見られ、良好な森林の指標となります。

〈内貴・佐久間〉

■**アリドオシ**（図3-117）

〈特徴〉　その他の環境

・照葉樹林の低木として、古くから保たれた照葉樹林の指標になる。葉は対生し、葉と棘をつける節と小さな葉だけをつける節が交互にある。ニセジュズネノキやホソバニセジュズネノキも葉がやや大きいものや細長いものに付けられた呼称で、すべてアリドオシ。

　主に照葉樹林の低木層に見られるアリドオシの大和川水系での分布は、京都大学、東京大学、大阪市立自然史博物館の標本調査では、7箇所しか情報が得られませんでしたが、プロジェクトYによる調査で奈良盆地周辺の断片的に残った神社仏閣の照葉樹林に広く分布することが確認されました。近縁で、近畿地方の照葉樹林にも分布するジュズネノキやナガバジ

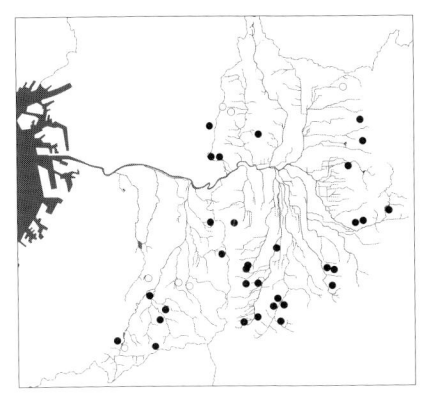

図3-117　●アリドオシ．○は標本によって確認．
標高100〜300mに広く点在．

ュズネノキは、この地域では見つかりませんでした。

　アリドオシは伐採などで日照条件が変化すると消滅しやすいので、この種が見られる林は、古くから比較的良好に保たれてきたと考えられます。このためアリドオシは森林環境の歴史性を判断する指標の一つとなります。また、時にスギ植林内でも見かけることがありますが、かつて照葉樹林であったと考えられます。〈内貴〉

10-2　大和川を囲む里山

　それでは、かつて照葉樹林であったところはどのように変わったのでしょう。大和川流域は古くから都市が成立した地域ですから、地域の森林は木材として、また薪炭として古くから消費されてきました。同時に、山は生産の場としても活用、可能ならば棚田として開発されています。

図3-118　ミズギボウシ．

　薪炭林・草山：未風化の花こう岩や大阪層群の砂礫層の上で、樹木は厳しい乾燥にさらされます。この流域は降水量も少なく、こうした場所は強い利用によってすぐに樹高の低いアカマツの下にハギやツツジそして下草が茂る「痩せた」山になります。人々はこうした山でも低木を柴にし、特に江戸期以降は田畑に入れる肥料や牛の餌として、下草を削るように利用していました。このため例えば生駒山や京阪奈丘陵では山肌は荒れ、土石流を引き起こすとともに、結局またアカマツしか生えない痩せた場所になるという悪循環を繰り返しました。

　一方、少し土地の肥えた場所では安定的な利用も進みました。樹木にはコナラのように切られた株から再び芽を出し再生する能力を持つものが数多くいます。これを萌芽（ほうが）といいますが、人間が森を利用する上で大切な性質です。萌芽は、根株にためられた養分を用いるので急速に成長し、周囲の雑草との競争にも強く、また比較的まっすぐな材を得るこ

ともできます。丸太や薪、炭を得るためには大変好都合で、このためにコナラ林が維持され、また高級な薪炭用に富雄川、天見川、飛鳥川源流域などでは苗木を買ってまでクヌギが植栽されています。

商品生産：クヌギの例が示すように、里山はまた商品生産の場です。都市のまわりということもあり、流域各地の丘陵部にはブドウや柿、といった果樹が山を覆っている姿が見られます。同様に竹材のマダケ（特に生駒市高山付近などが有名）、杉・檜などの人工林もこうした生産の一例です。ただし、近年の一律な人工林化とは違い、かつては地域で競うように工夫され多様な里山を生み出していたようです。有用樹木は棚田の畔にも数多く見られます。

このような里山ですが、人間活動が明るい草原や湿地にすむ生きものに生き延びる場所を与えてきました。「改訂・近畿地方の保護上重要な植物」では、重要な地域として金剛山や春日山、和泉葛城山などの原生林とともに、京阪奈丘陵、忍辱山や大和高原などの里山地域をあげ、ナガボノワレモコウやサギソウ、ミズギボウシ（図3-118）の残る湿地を示しています。ミヤマウメモドキなど地史を感じさせる植物も含まれ、里山が維持された水田やため池のまわりに残る貧栄養の湿地は意外なほどの生命の歴史を抱えています。大和川流域には深い森は多くはありません。しかし森と水辺は非常に近い関係で維持され、生きものをはぐくんでいます。〈佐久間〉

10-3　大和川下流域の植物相

大阪平野を流れる二大河川である大和川と淀川、この二つの河川の下流域の植物相は大きく異なります。大和川下流域の植物相は、河川敷・流路沿い・中州などに生育する湿生植物と、堤防の土手に生育する里草地性植物の二つの要素から成り立っています。一方、沈水性や浮葉性の水生植物はほとんど生育しないこと、淀川では普通に見られる洪水の影響が及ぶ場所（氾濫原）を好む植物や低湿地性植物の生育を欠くことを特徴としてあげることができます。大和川と淀川の植物相の違いを比較することで大和川の植物相の特徴を見ていきましょう。

氾濫原の植物が欠如：淀川水系に生育する氾濫原の植物としてはサデクサ、ノウルシ、ドクゼリ、ミゾコウジュ、ミコシガヤ、ヤガミスゲ、オニナルコスゲなど多数の種類を挙げることができますが、大和川にはミゾコウジュのみが生育するにすぎません。ただし、これらの植物は近畿地方での分布が琵琶湖・淀川水系に集中する傾向が強いもので、カヤツリグサ属、オオイヌタデ、クサネムといった一般的な湿生植物は大和川でも見ることができますから、むしろ淀川が特別だと理解する方がよいでしょう。面白いのは、淀川には多いシロネが大和川では見られないこと、淀川ではごく普通のカサスゲが大和川では非常に稀であること、そして攪乱の強い砂泥裸地を好むミゾコウジュは両河川に共通することです。淀川には泥が堆積してできた湿地環境がたいへん多いのに対し、大和川にはそのような環境が少なく、砂や礫環境の多いことの反映でしょう。これは、大和川の水系規模や河川敷の規模が淀川に比べて小さく、降水時に激しい水位変動と強い流れがおこり、泥の堆積するスペースが狭いからだと考えられます（1章参照）。また、大和川下流域は約300年前に作られた人工的な河川であることも上述の植物相の貧困さに関係していると思われます。

豊富な里草地の植物：大和川堤防の里草地環境（図3-118）は淀川に劣らない植物相を誇っています。ヒキノカサ、ウマノスズクサ、クサボケ、ツチグリ（絶滅）、ワレモコウ、イヌハギ（絶滅？）、ミヤコグサ、カンサイタンポポ、アマナ、ツルボ、トキワススキ（絶滅

図3-119 大和川堤防の里草地環境（八尾市・藤井寺市）．河川堤防植生は都市域の半自然緑地として最も重要．

などの在来種が記録されています。とくに、ヒキノカサ、ツチグリ、イヌハギ、トキワススキは、淀川からは記録されていない植物です。ツチグリは大阪府の平野部では唯一の産地でしたが、残念ながら現在は絶滅しています。一方、ヒキノカサ（図版8図58）は大和川の堤防に近畿地方最大規模の群落を現在も存続させています。この可憐な植物は、かつては各地の泥湿地に生育していましたが、そのほとんどの産地で絶滅し、現在の近畿地方では数ヶ所でしか自生が確認されていない貴重種です。また本種は、大阪市内に生育する数少ない絶滅危惧種の一つです。大和川の里草地の自然を象徴する植物として、ヒキノカサが咲き乱れる堤防を後世に伝えたいものです。なお、大和川の里草地景観を形成する重要な在来植生としては、春の堤防を黄色の花で彩るカンサイタンポポ群落（図版8図59）と秋の堤防を淡紫色の花で彩るツルボ群落（図版8図60）をあげることができます。〈藤井〉

10-4　水草

　水草とはその一生のある期間に水につかった状態で過ごす植物のことを指します。水草を、水の流れが止まっているため池や湖など（止水環境）と、水の流れがある河川や水路など（流水環境）の二つに大きくわけて見ていきます。まず、ため池の水草について過去に大和川水系で採集された標本を調べてみると、水上池（奈良市）などに代表される奈良盆地のため池ではオニバス、ヒツジグサ、コウホネ、ジュンサイ、ミズオオバコ、ミクリ、マルバオモダカ、ヒメビシ、コバノヒルムシロ、マツモ、オオトリゲモなどが、山間部のため池や水田ではミズニラ、ナガエミクリ、マルミスブタなどが生育していたことがわかります。しかし、農業、生活排水が流れ込むことによる水質の悪化や、ため池の改修により、これらの水草は消えていきました。現在では平野部の一部の池と山間部のため池や水田などを除いて、豊かな水草相の面影は残っていません。

　一方、大和川本流、支流や水路などの水が流れている環境下では、ホザキノフサモ、エビモ、ヤナギモ、ホソバミズヒキモといった全国的に広く分布する種と移入種のオオカナダモ、コカナダモがおもに群落をつくっていて、比較的単調で多様性の低いものとなっていました。ササバモやミクリ類など近畿圏の他水系では比較的多くみられる植物も、流水環境での記録はありません。流水環境を好む水草の種類数が少ないのは地形的な理由で、もともと種類数が少なかったからかもしれません。

　今回、プロジェクトYの植物班水草隊では植物体が完全に水の中に沈んでいる状態で生活している水草（沈水植物）と、河川敷の植物として、近年分布を拡大している移入種のオオカワヂシャと在来種のカワヂシャの分布について調査を進めました。また、過去の標本記録も情報として使用しています。〈志賀〉

■**オオカナダモ** 移入種 (図3-120・121)

〈特徴〉	小川・水路	本　　流			ため池

・南米原産（日本に侵入しているのは雄株のみ）。
・常緑の沈水性の水草。
・夏に大きい白い花をつける。

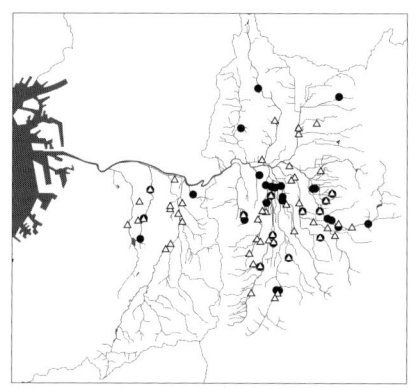

図3-121　オオカナダモ．葉はおもに4輪生．

図3-120　●オオカナダモ，△コカナダモ．
プロットは過去の標本記録も含む．

　ちぎれた断片からも大きな群落をつくる旺盛な繁殖力をもちます。また、1年中消えることなく生育していることから他の水草の芽生え時期に上部を覆いつくし、在来種の群落の衰退を引き起こしています。標本庫の標本を調べると1974年に奈良県広陵町で確認されたのがはじめてのようです。プロジェクトY調査では上流域から中流域、ため池で確認しています。大和川で最も普通にみられる外来水草です。

　類似の北米原産の移入種であるコカナダモも今回の調査において広い範囲で分布を確認しています。侵入時期を正確に特定することはできませんが、標本記録からコカナダモは大和川水系において1988年の時点ですでに広く分布していたことがわかっています。移入種のオオカナダモ、コカナダモ、在来種のクロモは形がとても似ていますが、茎に輪生する葉の枚数で区別することができます。オオカナダモはおもに4輪生、コカナダモは3輪生、クロモは3〜8枚輪生します。〈志賀〉

■**ホザキノフサモ**（図版8図61、図3-122）

〈特徴〉	小川・水路	本　　流				

・常緑の沈水性の水草。羽状に細裂した葉が茎の各節に4輪生する。
・花序を水面から立ち上げるが気中葉はつけない。

　全国の中〜富栄養水域から汽水域など幅広い環境で見ることができます。常緑の水草なので、春先の水路では目立ちます。他のフサモ属の種に比べて、陸上用のしっかりした葉をつくることができないことから、頻繁に水が枯れる水路には生育することができません。プロ

ジェクトYの調査から、大和川水系では一部の支流を除き、上流域から下流域まで最も普通に見られる種の一つであることがわかりました。〈志賀〉

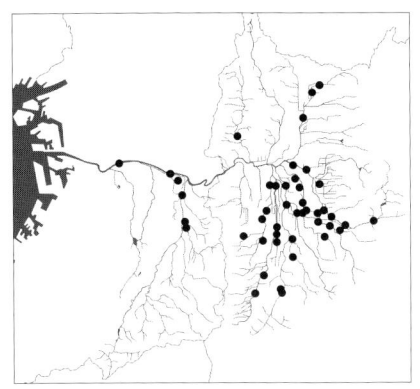

図3-122 ●ホザキノフサモ．上流域から下流域にかけて本流，支流に幅広く分布．

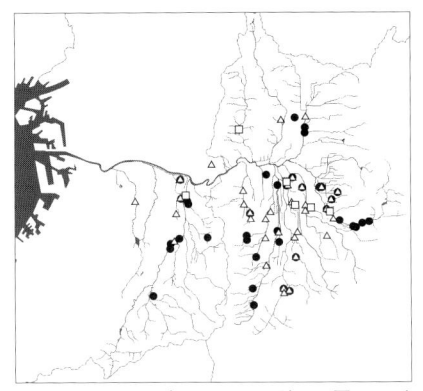

図3-123 ●エビモ，△ヤナギモ，□ホソバミズヒキモ．

■**エビモ**（図版8図62、図3-123）
〈特徴〉 小川・水路　本　流　　　　　　　　　　　　　た　め　池
・沈水性の水草。葉のふちはちぢれた様に波打つ。
・晩春から茎と葉が変形した殖芽をつくる。

　普通、春の終わりごろから茎と葉が肥大して硬くなった特徴的な形の殖芽（栄養繁殖のための器官）をつくり始めます。ため池などでは初夏までに枯れて殖芽で夏を越し、秋に殖芽が発芽して新しい個体ができます。河川や水路などでは夏も消えることなく1年を通して生育しているようです。
　プロジェクトYの調査では、大和川水系の上流域から中流域にかけて分布を確認しました。この他大和川水系ではホザキノフサモ、エビモ以外にも葉が細長く先がとがった常緑の水草であるヤナギモや、線のように細い葉をもつホソバミズヒキモが確認されています。〈志賀〉

■**カワヂシャ類**（図版8図63・64、図3-124）
（カワヂシャ・オオカワヂシャ　移入種・雑種）
〈特徴〉 小川・水路　本　流　　　　　水　田　た　め　池　河　口
・川辺に生える1〜2年生の湿地生の植物（大きさ50〜150cm）。
・オオカワヂシャは移入種（特定外来種）。穂状の花序を茎と葉の間から斜上させる。
・カワヂシャは白い小さい花、オオカワヂシャは薄紫色の花をつける。雑種はその中間的な形をしている。
・カワヂシャは葉のヘリに鋸歯がめだつがオオカワヂシャは細かくめだたない。

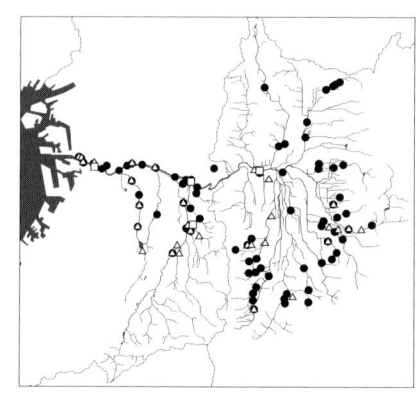

図3-124　●オオカワヂシャ，△カワヂシャ，□ホナガカワヂシャ．プロットは1990年以降の標本記録を含む．

　カワヂシャ（在来種）とオオカワヂシャ（移入種）は生育環境が似ていて、同じ場所に生えることもよくあり、雑種（ホナガカワヂシャ）をつくることがあります。カワヂシャはかつて河川や水路、水田で普通にみられた植物ですが、最近では絶滅が危惧される植物になってしまいました。一方、オオカワヂシャは1990年大阪府柏原市の標本が大和川水系での最も古い記録ですが、現在、急速に分布を拡大しています。上流域には新しく河川改修した場所から侵入しています。どうやら改修時に使用する機材や土砂に、種子や植物の断片がまぎれこみ、各地に運ばれているようです。

　今回の調査で、カワヂシャは大和川水系の上流域から下流域にかけて分布し、まだ健在であることが確認されました。オオカワヂシャは広く分布しており、量も多く、大和川の河原を代表する植物になってしまっていることがわかりました。両種が生えている場所も多いのですが、雑種であるホナガカワヂシャは4地点しか確認できませんでした。雑種の定着はどうやらまだ稀であるようですが、今後も注意していく必要がありそうです。〈志賀〉

4章
大和川水系の生物をおびやかす要因

1．水質の悪化

　大和川は全国の一級河川の中で、有数に汚いことがよく知られています（1章参照）。この20年くらいで、大和川の水質はかなり改善されてきているとはいえ、水質の汚れが生き物の生活に影響を与えていることは言うまでもありません。

　ここで言う水質とはあくまでもBOD値のことです（1章参照）。有機物・微生物が多ければそれだけ値も大きくなります。過度に含まれていれば、多くの生き物は暮らせませんが、適度に有機物が含まれている事は、むしろ生物相が豊かである可能性もあるのです。貧栄養でないと暮らせない生き物もいますが、一方で富栄養を好む生き物も多いのです。有機水銀やカドミウムなどの重金属が入った汚染なら、ヒトを含めた多くの生き物に有害ですが、大和川はそうではありません。しかしまずは、大和川の有機物が過剰であることを事実として受け入れ、その原因を考えてみましょう。

　大和川の水質悪化の原因の8割以上が生活排水によるものだと考えられています（図4-1）。1章で述べたように水質班の分析結果も、概ねそれを支持します。流域の下水道普及率は、この10年で大きく整備されてきましたが、2004年末で約70％です。河川内でも国や府県の事業により、様々な河川浄化法が施工されています。しかし、下水道が未整備な地域も多くあり、生活排水が直接河川に流れこんでいる所も見られます（図4-2）。急激な開発も、下水道整備の追いつかない一因です。もちろん、下水道の整備している地域でも、処理設備の能力は限られており、過剰に汚れた水を家庭から流すことは、水質の悪化の原因となります。

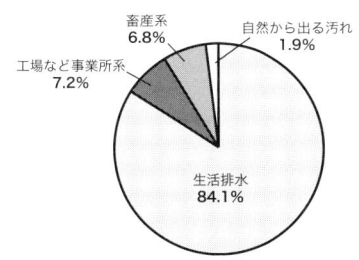

図4-1　1999年における大和川流域のBOD排出負荷量の構成比（国土交通省リーフレットより）．

図4-2　生活排水が川に直接流れこむ．

雨が少なく、河川の水量が少ないことも、水質の悪化に拍車をかけています。農業用水などで河川の水が奪われることで、川の水が枯れているところもあります。このような状況では生活排水の影響はより強く表れます。堰堤や可動堰により川の水を止め、ため池化することも、富栄養化を進めていると考えられます。水が流れる間に酸素を含み、微生物の活動で有機物を分解するのですが、それが阻害されるからです。

しかし、日本有数の汚い川と呼ばれる大和川でも、水質班が分析した100地点以上の採水ポイントで、硝酸態窒素が環境基準値を超過していたのは7地点だけでした（硝酸態窒素は植物プランクトンを過剰に増殖させる原因の一つです）。硫酸イオンは全ての地点でかなり下回っていました。それでも年間を通して藻類が発生するなど、富栄養化の影響がなくなったわけではありません。

大和川の水質を改善するためには、下水道浄化に頼るだけではなく、家庭レベルでもやれる事があります。例えば、塩化物イオンや硝酸イオンの原因となるような余ったスープ・みそ汁などを台所から流さないことや、リン酸イオンの原因となる洗剤を台所・洗濯で過剰に使わないなどです。大和川の特性を知ると、他の地域よりも家庭からの排水に気を付けなければならない事を理解していただけるでしょう。私たちの生活と大和川の自然は強くつながっているのです。〈益田・中条〉

２．集水域の変化

大和川流域は、山地が少なく、丘陵・平野部の割合が多く、また、大都市・大阪に近いこともあって、開発が進んできました。平野部の水田・畑は住宅地にかわり、丘陵部もどんどん開発されました。奈良盆地には、奈良県の人口の約９割が暮らしています。大阪の大和川水系も山地を除いては宅地化が進んでいます。

それに伴って、流域の土地利用も変化し、水田や畑の割合が減少し、市街地の割合が増えています（図4-3）。特に、ベッドタウン化の激しい奈良市から生駒市周辺などでは、もともとの丘陵地がほとんど住宅地に変わっています（図4-4）。急激な都市化は、単純な自然環境の減少だけではなく、生活排水が流れこむことによる河川の

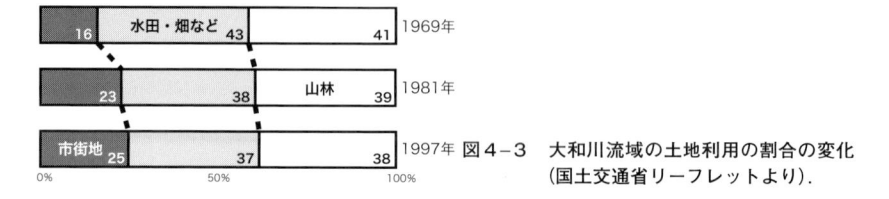

図4-3 大和川流域の土地利用の割合の変化（国土交通省リーフレットより）．

図4-4　大和川水系の土地利用，白色が市街地．

水質悪化や、舗装された地面から雨水が直接川に水が流れこむことによって起こる都市型洪水の原因にもなっています。〈中条〉

3．河川や水田の改変

　水辺にすむ生き物にとって、河川や水路、水田が改変されることは、その生息場所の減少をまねくことは言うまでもありません。

　河川や水路の過剰な護岸やコンクリート化・改修は、河川にすむ生き物にとって生活をおびやかす一因です（図4-5）。護岸・河川改修によって、河道は直線になり、本来は複雑である河川環境が単調となります。本来乾いた場所から時々水をかぶる岸、水辺と連続して変化していく川辺が、一気に単純化する、またはなくなります。また、川岸の穴にすむウナギやギギ、モクズガニ、蛹が岸の土中で羽化するゲンジボタルなどは護岸化によって生活の場を失います。底までコンクリート化されると、砂にもぐって暮らすシジミやイシガイなどの貝がすめなくなることは明白です。直線化した河道では、増水時の流速が早くなり、生き物の逃げ場がありません（図4-6）。また、流速の増加はレキや砂も移動させ、砂にもぐってすむ生き物が暮らしづらくなります。大和川の本流でほとんど貝類がいなかったり、河口のカニや貝などが貧弱なのも、単純な河川環境と底質の活発な移動が関係していると考えられます。

　河川だけでなく、水田や水路の改修も生き物にとっては深刻な問題です。水田の「改良」によって、水路がコンクリートで覆われ、取水が蛇口になり、排水がポンプでコントロールされます（図4-7）。その結果、水田や水路が冬季に水が枯れる乾田になり、特に冬季に水が必要なアカガエルの仲間や、メダカ・ドジョウなどの魚が暮らせなくなります。また、農業の効率化に伴う大量の農薬や除草剤の使用も、水田にすむ昆虫や畦に生える植物の生活に影響を与えるでしょう。水田で散布された農薬などが水路や河川に流れこむことで、その影響が拡大することも考えられます。

図4-5 コンクリート護岸化する河川・水路（桜井市・寺川）．

図4-6 河川改修により直線化した流路（橿原市・飛鳥川）．増水した時に生き物の逃げ場がなくなり，土砂も激しく移動する．

図4-7 圃場整備された水田と水路．

図4-8 ゴム堰によりせき止められた川（田原本町・初瀬川）．

そして、これら河川や水路・水田の改変は、後で述べる環境の分断とも大きく関わっています。〈中条〉

4．環境の分断

アユやウナギ、モクズガニなどは海と川を行き来し成長します。ナマズやメダカなどは、川と水路、水田を行き来し生活をしています。ゲンジボタルやトンボ、カワゲラなどは川や水路などの水域と陸とをその生活史の中で住み分けます。これらの生き物にとって、その行き来する通路が狭くなったりなくなったりすると、繁殖や成長の場が失われ、個体数の減少につながります。

流路の中にダムや大きな堰堤が出来ると、そこで生き物の行き来が阻害されます。大和川水系には大きなダムはほとんどありませんが、堰堤は数多くあります。また、季節によっては可動堰やゴム堰がたくさん流路内にできます（図4-8）。これらの堰により、アユやウナギ、モクズガニなどが川を遡上・降下できないということが起こ

4章　大和川水系の生物をおびやかす要因

ります。また、堰によって、瀬と淵といった流路内の環境の変化やレキや砂からなる州がなくなります。その結果、瀬を好むオイカワやカマツカなどの魚や、イカルチドリに代表されるレキ州の裸地で繁殖する鳥、砂地を好むゴミムシ類などの昆虫の生息地の減少をまねきます。先に述べた、河道の護岸化によって、陸と水辺も分断されています。

　大和川流域は、古くから水田が広がってきたこともあり、川・水路・水田のネットワークが非常に発達してきました。しかし、先ほど述べた水田の「改良」により水路と水田が分断され、古くから培われてきた水辺のネットワークが急激に失われつつあります。

　水辺だけではなく、河川敷の草地も、公園やグラウンド整備などで分断されます（図4-9）。河川敷以外の平野の草原環境が宅地化などで減少しているため、現在残されている河川敷の草原は、草原環境を好むバッタの仲間やカヤネズミにとって重要な生息環境です。例えば、カヤネズミは草原に生活を依存しており、舗装された道路や公園を横切って移動することが出来ません。そのため、カヤネズミの生息環境の一つである河川敷の草原が整備によって分断されることによって、個体数の減少をまねきます。

　開発をまぬがれ、後背地の山地や丘陵部にわずかに残された水田や林も、細かく分断されています。川や水路、水田と林という一連の環境が残っていないと生活できない生き物がたくさんあります。大和川水系で絶滅が心配されるニホンアカガエルやヤマアカガエルは、春から秋は林で暮らし、冬は浅い水たまりなどで繁殖を行います。そのため、林と水田（しかも冬に水が残されている）という環境が連続しないと、生活することが出来ません。このように、様々な環境が開発によって分断されることは、河川の分断と同様、生き物の生活に大きな影響を与えます。

　これらの問題を解決するには多くの壁があります。河川の水や環境の利用を生き物

図4-9　グラウンド整備された河川敷（大阪市・大和川）．草原環境が分断される．

の都合だけに基づいて運用することは難しいでしょう。しかし、魚道の設置やゴム堰・可動堰の柔軟な運用（不要な堰を使用しない、頻繁な開閉を行うなど）である程度の問題は解消されます。かつての水利用ルールを見直してみるのも一案でしょう。また、河川敷や堤防の整備も、必要最小限に留め、残された自然環境を守っていく必要があるでしょう。〈中条〉

5．移入種

　本来の生息場所から他の地域へ、人間の関与によって、運ばれた生き物を「移入種」といいます。似た言葉に外来種がありますが、ここでは人の関与を強く示唆する言葉として、移入種という語を採用します。侵入過程に人間が関与していれば、意図的であるかどうかに関わらず、人間によって移入されたと考えます。また、ヒト以外の生物に国境は関係ないので、国内の他の地域から持ち込まれた場合も移入種と考えられます。

　移入種が在来生態系に与える影響としては、肉食動物が捕食によって在来種を減少・絶滅させる、植食動物が植生を改変する、似た資源要求を持つ在来種と競合する、近縁種と交雑するなどが考えられます。生態系がさまざまな生物間の相互作用から成り立っていることを考えると、さらに広範囲に影響が及ぶ可能性があります。

　こうした移入種が在来生態系に与える影響の重大さは、近年になってようやく広く認識されるようになってきました。いわゆる外来生物法が2005年10月に施行され、2006年7月現在、85種（あるいは種群）が特定外来生物に指定されています。特定外来生物に指定されると、輸入・販売・飼育・栽培が原則禁止され（許可が必要）、野外へ放したり植えることも違法となります。また、野外に定着した特定外来生物の防除も行われます。

　大和川水系には、16種の特定外来生物が生息しています（表4-1）。アライグマ、淡水魚、ウシガエル、カミツキガメと水辺の動物が多く、植物の中にも水辺で見られる種が多く含まれます。特定外来生物以外でも、ミシシッピーアカミミガメ、タウナギ、タイリクバラタナゴ、アメリカザリガニ、タイワンシジミ、スクミリンゴガイといったように河川敷や水田周辺には多くの移入種が見られ、しばしば優占種にまでなっています。その理由としては、河川、水田、ため池といった環境は人間活動の影響を受けやすいということが考えられます。また、河川に関しては、しばしば大規模な攪乱を受けるという事も関係あるでしょう。しかし、たとえば人間活動による攪乱を強く受けているはずの里山の二次林には、それほど移入種は多くありません。林に比

4章 大和川水系の生物をおびやかす要因

表4-1 大和川水系に生息する特定外来生物．第2次指定特定外来生物まで含む．生息の有無は，2006年6月現在に生息情報を得ているかに基づく．

上位分類群	科	種
哺乳類	アライグマ科	アライグマ
鳥類	チメドリ科	ソウシチョウ
爬虫類	カミツキガメ科	カミツキガメ
両生類	アカガエル科	ウシガエル
魚類	カダヤシ科	カダヤシ
	サンフィッシュ科	ブルーギル
		オオクチバス*
クモ・サソリ類	ヒメグモ科	セアカゴケグモ
植物	キク科	オオキンケイギク
		オオハンゴンソウ
		ナルトサワギク
	ゴマノハグサ科	オオカワヂシャ
	ヒユ科	ナガエツルノゲイトウ
	ウリ科	アレチウリ
	アリノトウグサ科	オオフサモ
	サトイモ科	ボタンウキクサ

*ブラックバス

べて、水辺に移入種が多いというのは、大和川水系に限らず、日本のどこででも見られる傾向です。大和川水系には古くから人が暮らしていますが、だからといって特に移入種が多いという事はないようです。

　アライグマや外国産カメ類、ウシガエル、ブラックバスなど、捕食性の移入種は、在来種を捕食することで、直接的に在来生態系に大きな影響を与えます。希少な淡水貝類・両生類、タナゴ類などの捕食は、絶滅の危機にもつながりかねません。また、移入種のオオカワヂシャと在来種のカワヂシャ、移入種のタイリクバラタナゴと在来種のニッポンバラタナゴのように、近縁な在来種と交雑する場合があり、遺伝的な撹乱の影響が深刻です。その他に、競争を通じて在来種や在来生態系に影響を与える可能性なども考えられますが、その実態ははっきりしていません。

　一度野外に定着した生物を完全に排除することは極めて困難です。それでも、アライグマやブラックバスなどの強力な捕食者、在来種と交雑するタイリクバラタナゴなどは、増えれば増えるほど在来種や在来生態系を衰退させていきます。根絶は無理でも、在来種や在来生態系に大きな影響を与えないレベルにまで減らす必要があります。一方で、在来生態系に明らかな悪影響を与えていないと思われる場合でも、本当に問

題がないのかよく見極める必要があるでしょう。なかにはアメリカザリガニのように在来生態系にすっかり組み込まれて、完全に排除すればかえって他の在来種に大きな影響をあたえかねないものもあります。

　定着した移入種への対処が極めて困難なことを考えると、新たな移入種を増やさないようにすることが何より必要です。特定外来生物でなくても、その地域に本来生息していない生物を放すことは、もとからあった生態系を攪乱し、在来生物を減少・絶滅させる恐れすらあります。日本国内であっても他の地域から持ち込むことは、外国からの持ち込みとまったく同じ問題を起こします。とくに同じ種がすでに生息している場合、高い確率で遺伝的な攪乱を生じさせます。移入種問題は、一人のふとした行動で簡単に引き起こすことができます。一人一人が移入種問題をよく理解して、むやみに生き物を放さない事が必要でしょう。

　ここでは、それぞれの移入種の定着のプロセスと現状、そして在来生態系に与える影響について、分類群ごとにまとめて紹介します。在来生態系に大きな影響を与える移入種を中心にとりあげました。それぞれの移入種の大和川水系での分布については、3章を参照してください。〈和田〉

■哺乳類

　アライグマは、北アメリカ原産の食肉類です。1962年に愛知県犬山市の動物園から逃亡した個体が、愛知県や岐阜県に定着したのが日本で最初とされます。他にもペットとして多数の個体が持ち込まれ、成長後飼い切れなくなり、野外に放されました。それが、日本各地で野生化したと考えられます。大阪府では、2000年頃から能勢町や岸和田市で生息が確認されるようになり、その後分布域は急速に拡大し、2004年にはほぼ大阪府全域に生息するようになりました。果物など農作物を食害することが問題になると同時に、水辺の動物から樹上の鳥の巣まで襲うので、在来生態系への影響が大きいと考えられます。またタヌキなど在来哺乳類との競合の影響も懸念されます。大阪府では駆除が行われていますが、アライグマの個体数を減少させるまでは至っていません。

　ヌートリアは、北アメリカ原産の大型のネズミです。1940年代には毛皮用に盛んに養殖されていました。その後、養殖場が閉鎖される際に、養殖個体が周辺に放されて野生化したとされます。大和川水系でも1945年〜1960年頃には、奈良盆地中央部の河合町や安堵町の大和川・富雄川及び周辺のため池に生息していたそうです。その後、生息が確認されていませんが、大阪府では2000年頃から淀川でヌートリアが記録されるようになるなど分布は拡大傾向にあるので、今後再定着の可能性があります。水辺

で生活し、泳ぎが得意で、生息していれば泳いでいる姿をよく見かけます。草食性で、個体数が多い地域では水田のイネや畑の根菜類への食害が問題となります。水辺の植物を大量に食べるので、水辺の植物、また植生の改変を通じた生態系への影響が考えられます。〈和田〉

■鳥類

アヒルはマガモを家禽化したもので、アイガモはアヒルとマガモを交配したものを指します。公園の池を中心にさまざまな場所に、アヒルやアイガモが放され野生化しています。大和川水系でも、繁殖期に"マガモ"が生息し、その繁殖も確認されていますが、これはすべてアイガモやアヒルなど家禽由来であると考えられます。アヒルやアイガモは、カルガモと簡単に交雑するため、カルガモ個体群を遺伝的に攪乱します。知らないうちにカルガモがいなくなり、マガモとカルガモの雑種ばかりになってしまうかもしれません。〈和田〉

■爬虫類

ペットとして持ち込まれたさまざまな外国産のカメ類が、飼いきれなくなって日本各地の池や河川に放されています。その中でも、ミシシッピーアカミミガメは野外で繁殖し完全に定着しました。近年、大型のカミツキガメやワニガメの生息や繁殖が確認され、問題となっています。

大和川水系でも、ミシシッピーアカミミガメは一番目にすることが多いカメになっています。幸い繁殖は確認されていませんが、カミツキガメ（図4-10）とワニガメ（図4-11）の生息も確認されています。また、猿沢池（奈良市）で調査した結果では、キバラガメ？（*Trachemys*属の一種）、アカハラガメ？（*Pseudemys*属の一種）、ミシシッピーチズガメも確認されています。ミシシッピーアカミミガメは、動物から植物質まで広く採食するので、淡水動物の捕食による影響があるほか、食性や生活圏が重なるクサガメやイシガメとの競合の影響も懸念されます。カミツキガメとワニガメは大

図4-10　カミツキガメ．　　　　図4-11　ワニガメ．

型の捕食者で、小さなクサガメやイシガメを捕食することもあります。〈和田〉

■両生類

　ウシガエルは、北アメリカ原産の大型のカエルです。日本へは1918年に食用として持ち込まれたのが最初です。その後、各地で養殖すると共に野外へ放され、日本各地に定着しました。大和川水系では、市街地のため池、平地の水田、河川、山手のため池と、ほとんどどこにでも生息しています。他のカエル類を含め水辺の小動物をなんでも食べる強力な捕食者でアメリカ合衆国や韓国、日本でも沖縄諸島のいくつかの島では、ウシガエルの増加にともなって、他のカエル類が減少したことが問題になっています。〈和田〉

■魚類

　大和川水系の川沿いを歩いていると、しばしば大きなコイを見かけます。こうしたコイの多くは、人によって放されたものです。一部の区間を区切って、放し飼いにしていることもあります。こうしたコイは、カワニナなど、河川の貝類を食べ尽くし、水草類にも壊滅的な影響を与えます。コイが放されている場所と放されていない場所を見比べると、その違いは歴然としています。とくに大和川水系でも限られた場所にしか生息していないイシガイやマツカサガイの生息地は、なんとしてもコイから守る必要があります。

　捕食者として、在来の魚類相に大きな影響を与えているものとして、ブラックバス、ブルーギル、ライギョなどがいます。

　ブラックバス（オオクチバス：図4-12）とブルーギルは北アメリカ原産のスズキ目魚類です。ブラックバスは、1925年に釣りの対象、食用として神奈川県芦ノ湖に持ち込まれたのが最初です。持ち込まれた当初から、肉食性という食性から日本の在来魚種への食害が心配されていたのですが、無秩序な放流によって1970年代に急速に拡大し、2001年7月までに全都道府県から生息が確認されるようになりました。

　ブルーギル（図4-13）は日本へは1960年に持ち込まれました。当初は水産庁の試

図4-12　ブラックバス（オオクチバス）．

図4-13 ブルーギル.

験機関によって全国の水産試験場等に渡され、また、民間でも放流がなされたようで、現在では全国に分布します。釣りの対象魚としての意図的な放流や放流種苗への混入も関係しているようです。幅広い雑食性で、繁殖力が旺盛です。

　どちらも大和川水系そのものへの侵入がいつ頃かははっきりしませんが、奈良県、大阪府には1970年代の後半に入ってきたようです。河川中心の今回の魚類調査ではあまり採集されませんでしたが、いくつかの場所ではため池につながる水路や河川のタマリ（本流脇に一時的にできる比較的大きな水たまり）で見られました。

　どちらも繁殖力が旺盛で、在来の生物に大きな影響を与えており、特定外来種として厳しく規制されるとともに駆除などの対策がとられています。富雄川上流の生駒市では、古くからのため池が多く残っており、両種が在来の魚の生存に影響を与えています。これらの2種が生息するため池では、在来の魚種数が減り、生き残る魚は大型のコイ、フナ類、また、おそわれた時に逃げられる場所を持つヨシノボリ類に限られてしまうという研究が報告されています。ほかの多くのため池でも、同様の事態が懸念されます。

　移入種の影響はこうした食害に限りません。近畿地方では八尾周辺と奈良の一部にのみ分布するニッポンバラタナゴは、ペット由来のタイリクバラタナゴと簡単に交雑してしまいます。ニッポンバラタナゴは個体数も少なく、交雑が進んだ場合の影響は深刻です。メダカは地域ごとに遺伝的な分化が進んでいることが知られていますが、観賞用のヒメダカが移入されることでこうした地域のメダカの特徴は失われてしまいます。

　このほか、明確な影響は不明ですが、カムルチー（中国原産、日本には1923〜24年に奈良県に持ち込まれたのが最初、今回の調査では大阪側でのみ確認）、タウナギ（東南アジア原産、1900年頃に奈良県の木津川水系に属する大宇陀地方に持ち込まれ

たのが最初。空気呼吸もできるため、棚田づたいに自力で大和川水系へ)、カダヤシ(北アメリカ原産のメダカによく似た小魚。ボウフラ駆除の目的で、1916年に台湾経由で持ち込まれ、1970年頃から全国へ放流された。稚魚も食べる雑食性で、生息環境はメダカと重複する)などの移入種も各地に生息しています。〈波戸岡〉

■昆虫

　昆虫で移入個体と在来の個体群の交雑が懸念されているのは、ホタルです。ホタルの放流はいまだに場所により行われています。大和川水系には在来のホタル生息地も数多く、由来の異なる他地域のホタルの持ち込みではなく、これらの維持拡大を図るべきでしょう。

　在来のジャコウアゲハと食草の競合するホソオチョウも定着しつつあります（コラム参照）。

　ホソオチョウ以外にも、カラムシを食草とするラミーカミキリ、セイタカアワダチソウにつくアワダチソウグンバイなど、他にも多くの移入昆虫が大和川水系に生息しています。最近では、2001年8月に淡路島で初めて発見されたトガリアメンボが、2003年以降大和川水系でも確認されています（P79参照）。産みつけられた卵が、輸入された植物とともに持ちこまれたと考えられています。これらはまさに今、分布を拡大中の昆虫です。〈金沢・初宿〉

● コラム

大和川水系に定着しつつあるホソオチョウ （図版8図57、P84図3-115）

　1970年代から関東地方で、1990年代から京都府木津川で、更には近年大阪北部でも繁殖を続けているホソオチョウが、大和川水系にも定着しつつあるようです。朝鮮半島から中国、沿海州地方に分布するアゲハチョウであるホソオチョウ（ホソオアゲハ）は、日本には本来生息していませんでした。成虫は年3回ほど発生し、4〜9月に見られ、蛹で越冬します。幼虫の食草は今のところウマノスズクサのみです。

　大和川水系では、大阪府富田林市昭和町で1994年7月23日に1メスが捕獲されました。また、2003年頃に奈良県三郷町、大和高田市でも発見されましたが、その後は見られないとのことです。大阪狭山市池尻・池之原西除川で2003年6月上旬に各1頭が確認されました。2004年6月27日行われた当博物館の行事の際に、大和川・石川合流点の大和川河川敷運動公園で約10頭が目撃・撮影され、1頭が捕獲されました。確認・捕獲地点は、以前からウマノスズクサがあり、ジャコウアゲハが見られていたところです。

　日本の個体群の斑紋が韓国のものと似ていることから、韓国から人為的に日本へ持ちこまれたものと考えられています。その後のホソオチョウの分布拡大は放蝶によるものがほとんどです。地域によっては、野外のホソオチョウを保護しているところがありますが、それも在来の生態系に対する影響を考えれば止めるべきでしょう。〈金沢〉

■貝類

　貝類にも多くの移入種があります。動きのゆっくりした貝類ですが、その影響は見逃せません。南米原産の巻貝・スクミリンゴガイ（別名ジャンボタニシ）は、食用に輸入されたものが廃棄され、西日本の水田を中心に分布を広げています。水路からの移動やイネの幼苗や土について分布を広げていると考えられます。イネへの被害が問題になり注目されているスクミリンゴガイですが、他の生き物への影響はほとんど調べられていません。しかし、実際にこの貝がたくさんいる水田では、植物が食べられて雑草がほとんど生えておらず（図4-14）、水辺の植物への影響は多大です。まだ不明な部分が多いですが、スクミリンゴガイの分布拡大により、水辺に生える植物やそのような植物に依存する昆虫などへの影響を与えているでしょう。また、スクミリンゴガイにつく寄生虫などがタニシなど他の貝類へ与える影響も懸念されています。

　ほかにもホタルの放流に伴って持ち込まれたと思われるチリメンカワニナ、マシジミとの競合が心配されるタイワンシジミ（P108コラム参照）など移入種の分布拡大が懸念されます。〈中条・石井〉

■甲殻類

　アメリカザリガニは、北アメリカ南部原産のザリガニです。ペットや食用などとして持ち込まれたものが、野外に放され定着したと考えられています。小動物から植物質まで、さまざまなものを食べます。大和川水系では、水田周辺にごく普通に生息しており、水生動物を捕食するという影響がある一方で、大型のカエル類、カメ類、サギ類などの捕食者の食物としても重要な位置を占めています。そういう意味では、今となっては完全に駆除した場合の方が在来生態系への影響は大きいかもしれません。カブトエビなど比較的移入年代が古く、広がってしまっている甲殻類も同様でしょう。琵琶湖・淀川水系では、アクアリウムで飼育されている外国産の淡水エビが定着しは

図4-14　スクミリンゴガイによって、水辺の植物が食べ尽くされた水田（橿原市）.

じめており、こうしたペット由来の移入を警戒する必要があります。〈和田・石田〉

■植物

　流水やため池にも水槽で飼育された水草が多数移入しています。大和川のため池でもしばしばみられるオオフサモ、ボタンウキクサはその高い繁殖力から特定外来生物に指定されています。今後の動向に注意が必要です。コカナダモ、オオカナダモは水系全域に広がり、ため池などでしばしば優占しています。在来の水草と競合する場合も多く、管理が必要な場合もあります。

　一方、大阪市域など下流部の河原はほぼ移入種によって占有された状態です。P109のコラムで示すとおり、移入種といえど種によってはやがてほかの植物に置きかわり消えていきます。侵略的移入種や、在来種と交雑する可能性のある種をのぞけば、現状として受け入れざるを得ない状況です。交雑の危険性のある移入種は３章であつかったオオカワヂシャのほかにも、堤防や道路の緑化に朝鮮半島や中国から持ち込まれた様々なイネ科やマメ科の種などがあります。国内産と同じ種を安く使いたい、という方針がかえって交雑という問題を引き起こしています。また、セイヨウタンポポとカンサイタンポポの交雑も知られています。

　移入種からなる植生は他の一般的な河川とほとんど同じです。ただし、ハマワスレナグサ（欧州〜西アジア原産）は他の場所にほとんど見られないのに大和川河口部には多産する、特徴的な移入種です。春の堤防ではカラスムギ（欧州〜西アジア原産）やコバンソウ（欧州原産）、注意すれば淡青紫色の花をつけたノヂシャ（同）も見つかるでしょう。季節とともに、セイヨウカラシナ（同）、ナヨクサフジ（同：図４-15）、オオブタクサ（北米原産）、セイバンモロコシ（地中海原産）と主役を入れ替えながら、河川敷や堤防、中州を覆っています。

　移入種といえど、排除することはもはや現実的ではありません。他の生物への吸蜜

図４-15　ナヨクサフジ.

源や隠れ場所、すみ場所としての機能も少なくありません。在来種や残された里草群落への影響・競合をさけながら、コントロールしていく他ないのが現状でしょう。
〈佐久間・藤井〉

6．河川敷のレクリエーション利用

　河川敷は、散歩、釣り、バーベキューなど、多くの人のレクリエーションの場でもあります。河川敷の草地や中州の裸地がたくさんあった時代は問題なかったこうした人による利用も、河川環境が改変され、生物のすみ場所が少なくなってきた現在では、河川の生物の脅威となりえます。とくに近年のアウトドアブームの結果、春から夏にかけての時期の河川敷には、バーベキューなどを楽しむ人々が殺到し、過剰利用に陥っています。

　石川などの中下流部、春になって気候がよくなった頃、イカルチドリ、コチドリ、イソシギ、コアジサシといった河川敷の裸地に産卵する鳥の繁殖期が真っ盛りを迎えます。しかし、この時期はちょうどバーベキューなどを楽しむ人たちで河川敷がにぎわいます。多くの人が河川敷に立ち入る事によって、こうした鳥たちは安心して抱卵ができず、時には卵を踏みつぶされたりして、頻繁に繁殖に失敗します。河川敷の砂礫地でしか繁殖していないイカルチドリにとって事態は深刻です。

　滝畑ダムよりも上流の石川は、大和川水系で唯一に近い渓流環境があります。このエリアでしか見られない渓流に特有の水生昆虫も生息しています。しかしこのエリアでは、河川敷がキャンプ場や駐車場として過剰とも言える多くの人に利用されています。キャンプやトイレ用水のための取水は、河道の水量を低下させたり、部分的な水切れ区間をつくります。その結果、水生昆虫がきわめて貧弱なエリアができています。
〈谷田・松本・和田〉

7．採集

　多くの生物は個人レベルで少々採集しても問題ありません。しかし、生息環境が減少し、すでに個体数が少なくなってしまった一部の生き物は、少しの採集によって絶滅する可能性があります。特に、業者が商業ベースで採集すると、一気に絶滅する恐れが出てきます。

　大和川水系で問題となる商業ベースの採集は、漁業ではなく、ペット業者によるものでしょう。とくに個体数が少ない一方で、ペットとして流通しているイシガイ科の二枚貝とタナゴ類や、小型のサンショウウオやダルマガエルなどは、生息地が悪質な

業者に知れると、乱獲され、絶滅する恐れがあります。

　こうした場合は、生息地に関する情報をむやみに公表しないという配慮が必要になります。この本でも業者による乱獲の恐れのある生物の詳しい生息場所は伏せています。また、個人による捕獲もつつしむ必要があります。さらに、野外で採集されたこうした生物が売られていても、購入しないという姿勢が大切です。〈和田〉

● コラム

タイワンシジミ　（図版7図50、P59図3-63）

　最近シジミが増えたという声を聞くようになりました。マシジミは、ときどき大発生することがありますが、そのためではなく、日本各地の淡水域で東アジア原産のタイワンシジミが爆発的に増え、目立ってきたのが真相のようです。

　タイワンシジミは、雌雄同体で自家受精をし、親貝の鰓の中で子を育てるので、極端に言えば一匹でも繁殖することができます。繁殖力が強く世界各地に外来種として侵入していて、アメリカ合衆国ではアジアン・クラム（アジアの二枚貝）とよばれ、原子力発電所や多くの給水施設の導水管などを詰まらせるなど被害をもたらしています。タイワンシジミに餌や場所が占領され、もともと棲んでいた生き物に絶滅が危惧される種類もでているそうです。

　日本では、もともとマシジミがいたところにタイワンシジミが侵入してきています。タイワンシジミはマシジミと同種という考えもあるくらい近い種類ですが、琵琶湖・淀川水系では、タイワンシジミが侵入したところにはマシジミはいなくなってしまうことが起きています。日本にタイワンシジミが持ち込まれたのは、在来のシジミ類の採れる量が減ってきたため、アジア各地から大量にシジミ類が輸入されるようになったことが大きな要因です。日本にはもともといない淡水棲の貝が、日本の湖で生きて発見されることがあるので、タイワンシジミも生きたまま放たれているものと思われます。

　タイワンシジミは最近まで大和川水系では発見されていませんでした。ところがプロジェクトYの調査によって、大和川水系でもタイワンシジミが見つかりだしました。大和川水系では吉野川分水を通じて上流域からタイワンシジミが入る危険性があります。最近になって、奈良県内の上流部でも発見されたので、下流域まで在来のマシジミと入れ換わってしまうことが心配されます。

　なお、大和川水系で見つかりだしたタイワンシジミは、マシジミと区別しやすい特徴をもった明るい黄色の殻皮をもつタイプ、貝殻の殻質の色が肌色のタイプ、殻の内面が濃い紫色のタイプなどがありますが、たいへん識別が困難な貝もあります。〈石井〉

4章　大和川水系の生物をおびやかす要因

● コラム

大和川水系の帰化植物

1．石川河川公園自然ゾーンの今昔：大和川の支流、石川のうち、右岸は富田林市、左岸が羽曳野市、上下流を河南橋と南阪奈道路の橋梁にはさまれた区間には幅広い河川敷があり、まだ本来の河原らしい風景が見られます。この区間は現在、大阪府営石川河川公園の自然ゾーンとして整備がすすめられていますが、ここに生育する植物を1993年と2002〜3年の2度にわたって調べる機会がありました。1993年は左右両岸とも公園としての整備前で、多くの場所が畑として利用されていました。2002年には右岸が自然ゾーンとして整備された直後でしたが、左岸にはまだ手がつけられていませんでした。しかし約10年の間に大きな出水があり、左岸も1993年にあったグランドがなくなるなど、土地利用には変化がありました。

2．何が変わって何が増えた？：石川河川公園自然ゾーンの右岸では、出水後、畑はなくなりました。跡地に起伏をつけ、高低差を反映した水分条件のちがいに応じた河原の植物が生えられるような土木的造成を主とする公園整備がなされました。

　造成直後には短年生の雑草群落が発達しました。2002年秋にはメヒシバ、オオクサキビやイヌビエの優占群落が大面積を占めていました。1993年にはまったく見られなかった帰化植物には、ホソミキンガヤツリ、オオカワヂシャがありました。

　翌春、2003年春にはダンゴツメクサ、シャグマハギ、セイヨウヒキヨモギ、キヌゲチチコグサなどが新たに記録されました。2003年の秋には同じ短年草でもヒメムカシヨモギの優占群落におきかわったほか、帰化多年草のセイタカアワダチソウ（図4−16）や

表4−2　石川河川公園自然ゾーンの植物．種類の変遷．

年次	確認種数	帰化植物	帰化率（％）
1993	349	124	35.5
2002	189	70	37
2003	271	114	42.1

1993・2003年は春〜秋、2002年は秋のみの調査
1993年は左右両岸，2002・2003年は右岸Aゾーンのみの調査

図4−16　セイタカアワダチソウ．

● コラム

図 4-17　ナンゴクヒメミソハギ．　　　図 4-18　アメリカキカシグサ．

シナダレスズメガヤが大きな勢力をもつようになってきました。この時期には湿った場所で、ナンゴクヒメミソハギ（図 4-17）やアメリカキカシグサ（図 4-18）が新顔として記録されています。

3．帰化植物の問題：この地域の河川敷のうち、川が増水すると洗われる場所は、玉石と砂からなり、カワラヨモギがまばらに生えていました。1993年には左岸の一部にカワラヨモギの優占群落が見られましたが、現在ではほとんどなくなり、跡地にはシナダレスズメガヤ（ウィーピング・ラブグラス）がはびこっています。シナダレスズメガヤはもともと砂防用に導入された植物ですから、根が土壌を緊縛する力は大きく、砂地を安定させてしまいます。中流域の河原は、植物より礫や砂が目立つような砂漠的景観が本来の姿ですから、シナダレスズメガヤの繁茂は、本来の河原景観を変えるだけでなく、不安定な砂地に依存的なハタガヤなど、在来植物の生育環境を著しく狭めたり、変質させてしまいます。

　帰化植物のすべてが問題というわけでもありません。一時的に生えた 1 年草のシャグマハギやダンゴツメクサは、すでに見られなくなってしまいました。種子は土中に生き残っているかもしれませんが、それほど邪魔にはならないように思えます。急速に繁茂して立地をつくりかえる、在来種と交雑するなど、侵略的外来種とされるような種以外には、それほど目くじらを立てる必要はないと思います。もっとも、継続的に観察する必要はあるので、身近な場所を注意深く見続けたいものです。〈梅原・山崎〉

5章
人と大和川の関わり

　今回の調査は大和川水系の自然を明らかにすることが目的でしたが、同時に太古の昔から自然の恵みを受けてきた私たちと、恵みをもたらした自然との関わりについても調べてきました。ここでは、大和川水系の各所で見られる自然との関わりが深いいくつかの産業を紹介し、その関係について考えてみたいと思います。

1．シラスウナギ漁（大和川河口）

　回遊魚であるウナギは日本人の重要な食料資源であるため、生活史の研究や養殖のための研究が盛んになされ、近年その産卵場や産卵後の回遊経路などが少しずつ明らかにされています。ウナギはマリアナ諸島西方海域で夏に生まれた後、北赤道海流、黒潮によって日本の沿岸に運ばれ、翌年の冬から春にかけて日本の川の河口に来遊し、その後、川に上って成長します。大和川を含め大阪湾沿岸の河口では、春先に4～5cmの透明でやや褐色かかった爪楊枝のような、くねくね泳ぐ魚がみられますが、これがはるばるマリアナ諸島から海流によって運ばれてきたウナギの稚魚（シラスウナギ）です（図5−1）。大和川河口では2月から5月にかけこのシラスウナギを漁獲するための電灯が、夕方からあちこちで見られ、春の大和川河口の風物にもなっています。このシラスウナギは鰻養殖の種苗として使われ、鰻養殖場のある地域へ出されています。

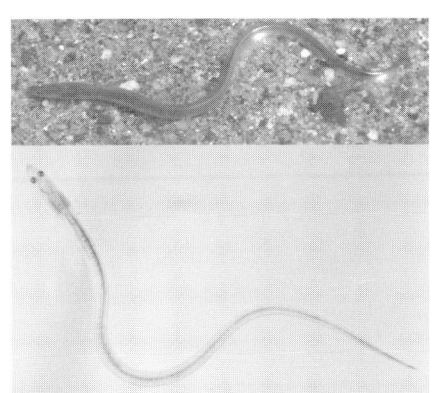

図5−1　大和川河口のウナギ稚魚（シラスウナギ）．昼間は砂に潜っており，写真（上）は出てきたところ．

2．金魚養殖（大和郡山周辺）

　金魚はギンブナの突然変異であるヒブナをもとに、観賞用に代々交配を重ねて人が作り出したものです。中国で作り出され、日本に16世紀の初めに入ったものと言われ、江戸時代には大名などの高級鑑賞魚としてもてはやされました。

　奈良には享保時代（18世紀前半）に甲府の藩主であった柳沢吉理によって大和郡山に持ち込まれたとされ、武士の趣味として飼育されました。奈良盆地には灌漑用のため池が多く、そこには金魚飼育に都合のよいミジンコ類が豊富にあり、これを利用しての金魚養殖は盛んになっていったようです。最初は、江戸末期に落ちぶれていった武士の内職でしたが、明治維新以後は、農家の人たちも養殖を始めたようです。大和郡山市商工観光課などの広報資料によると、大和郡山には約100戸の養殖農家、面積にして約140ヘクタールの養殖池があり、年間約8,000万匹の金魚、600万匹の錦鯉が生産されているそうです。ため池の利用の面からすれば、金魚養殖は、土地風土が生み出した産物といえるでしょう。

3．日本酒醸造（大和川水系全域）

　お酒は、水と酵母などの微生物、そして、日本酒では米、ワインではブドウなどを材料として、人々が自然の恵みを受けて太古の昔から造られてきたものです。生物学的に言えばお酒は酵母という生物の呼吸活動（発酵）の産物です。酵母が糖をエチルアルコールと二酸化炭素へと分解する過程に加え、日本酒の場合はコウジカビによるデンプンの糖化の過程が加わります。お米を原料とする日本酒はその製造の歴史も古く、弥生時代の稲作開始と同時に始まったと言われています。奈良盆地では、飛鳥時代には技術も発達し、盛んに作られるようになっていました。さらに、室町時代（約500年前）になると、お寺などを中心にして、現在私たちが口にしている日本酒（清酒）醸造の基礎ができあがりました。中でも、菩提仙川流域にある正暦寺では、「菩提もと」と呼ばれる酒母（アルコール発酵を効率よく進めるために良好な酵母を培養したもの）造りの技術が開発され、全国に広がっていきました。

　水という材料の観点から日本酒と大和川水系の関わりを考えてみましょう。図5－2は、2005年現在、日本酒を造っている蔵元です。多くの蔵元が山裾に分布しているのがわかります。奈良盆地の地層の浅い部分には、酒造に適さない鉄分を含む水が多いのですが、いくつかの蔵元さんの話では、昔はいくつか井戸を掘ってよい水を探したそうです。奈良盆地の周辺には断層が多くあり、断層の割れ目を通って地下深く浸透してできた良質な地下水が、奈良盆地での多くの日本酒醸造につながったのでしょ

5章　人と大和川の関わり

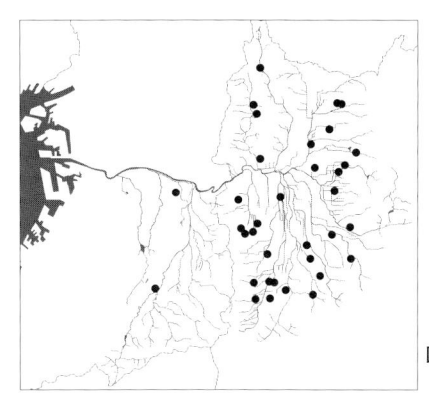

図5-2　大和川水系における日本酒醸造の蔵元．2005年現在．

図5-3　麹を作る麹室（香芝市，大倉本家協力）．

う。現在は生活排水などで水質が悪くなって、井戸水を使うところは少なくなっていますが、それでもまだ、30以上の蔵元があって、毎年、いい日本酒が造り出されています（図5-3）。

　蔵元の周囲には、たいてい古くからの神社やお寺があります。農家の人々は近くの社寺に農作物の豊作を祈願し、また、お礼のお祭りをする風習があります。その際、その地域で造られたお酒が、お供えやお祭りに使われ、地域の親睦に一役買っているからでしょう。

　もちろん、日本酒も、生き物が造り出す産物である以上、醸造条件の違いで良し悪しが出て失敗する危険があります。奈良では、桜井市にある大神神社で、毎年、醸造の安全成就祈願の祭礼がおこなわれ、印の杉玉（酒屋さんの軒先につるされている杉玉です）が蔵元へ配られます。

4．素麺製造（桜井）

　素麺は小麦を原料とする麺類の一つで、西日本各地にいくつかの産地があり、奈良盆地では桜井市三輪周辺で作られている三輪素麺が有名です。

　翌日の天日干しを考えて、前日から塩分の調整された生地をつくり、麺の付着や表面乾燥を防止に食用油を使って引き延ばし、熟成されてきた素麺のもとは、2日目にさらに細く引き延ばされ、天日に干されます（図5-4）。素麺の生産は冬にされますが、奈良盆地のこの地域の寒く乾燥した天候は素麺作りに合い、古くから素麺作りがなされてきました。三輪地方での素麺の原型ができたのは1000年以上も昔のことだと言われていますが、一般に三輪素麺として出回ったのは江戸時代になってからのようです。昔は小麦を粉にするのに、三輪山の北を流れる纒向川などで水車を使って挽いていたそうです。天候もさることながら、川の水力も素麺作りに役立っていたということです。〈波戸岡〉

図5-4　素麺の天日による乾燥（桜井市，玉井製麺所協力）．

6章
大和川水系の生物多様性の特徴と未来

「きたない」といわれる大和川水系にも、水に関わりをもった数多くの生き物が暮らしています。確かに水質は悪く、大和川水系の生き物には多くの危機がせまっている、あるいは危機的な状況にありますが、鳥類やカメ類などは、水質が多少良くても悪くても生存にはあまり関係がありません。水質以外の条件の方が重要な生き物も多いのです。

この6章では、ここまでに紹介してきた大和川水系の生物相や、その置かれている状況を見渡して、その上でこの水系の未来について考えます。

まず最初に生物相を形作ってきた地史的な歴史を振り返り、周辺の琵琶湖・淀川水系や吉野川水系とどう違うかを考えてみます。また、大和川水系は、日本で一番古くから人による改変の影響を受けてきました。現在の大和川水系の生物相を語る上で、この1500年以上の長きにわたって受けてきた人による影響を語らないわけにはいきません。1500年以上にわたる影響といっても、ここ数十年の人による影響は、きわめて大きく、大和川水系の生物相を急激に変化させています。その内容は、4章で取り上げましたが、最後にとくに重大な問題を取り上げ、大和川水系の生物相の今後について考えます。〈和田〉

1. 大和川水系の生物相の成立：他水系との比較

固有種がいない：大和川水系にすむ生き物が、どのような経路でどの時代に入ってきたかということは、大和川流域の化石の記録がほとんどないため、わからない点がたくさんあります。しかし、P88でも述べたように、隣の琵琶湖・淀川水系や吉野川水系と比べるとさまざまな違いが目につきます。また、琵琶湖・淀川水系のビワコオオナマズのような固有種は大和川水系にはいません（図6-1）。この違いを考えてみましょう。

図6-1 琵琶湖の固有種ビワコオオナマズ．大和川水系にはこのような固有の種はいない．

現在の大阪周辺の地形は100万年より新しい時代に成立したと考えられています。それは、現在の山地と平野の境にある活断層の動きが100万年以降に激しくなり、山地が隆起したためです。この隆起は、200万年前には一体であった淀川水系（吉野川水系も？）との分離につながったでしょう。その後、少なくとも80万年前まで何度か現在の奈良盆地まで海が進入してきました。海の進入は、淡水生物の生息場所を狭めたでしょう。他水系との分離と海の進入が現在の大和川水系の淡水生物相に大きく影響を与えたと考えられます。

　1章で述べたように、200万年前は現在の琵琶湖周辺から大和川周辺に大きな河川があったことが推定されています。つまり、当時から生きていた生き物（ビワコオオナマズは化石の記録から300万年以上前にさかのぼれます）が大和川水系に入っていてもおかしくありません。しかしその後の時代に、琵琶湖・淀川水系には、生き物のゆりかごといえるべき湖および淡水域がずっと存在していたのに対し、奈良盆地にまで何度か海が進入した大和川水系では、生き延びることができなかったのでしょう。地質学的にもっと最近の時代まで、淀川と大和川は河口付近でつながっていました（P5図1-1）。約2000年前以降には河内湖や流路を通じて大和川と淀川はつながっており、セタシジミなどの琵琶湖・淀川水系の生き物が、当時の大和川河口までいたことがわかっています。しかし、奈良盆地まで分布していた情報はありません。大阪側には奈良盆地よりもずっと新しい時代まで何度も海が進入しています。そのため、河口付近を通じて他水系からの生物の進入は難しかったのかも知れません。しかし、過去に大和川水系で、琵琶湖・淀川水系にすむハスやワタカ（ともに魚）が報告されています。他の琵琶湖・淀川水系の固有種がほとんど分布しないことを考えると、これらの魚は自然分布というより人為的に持ち込まれた可能性が高いと考えられますが、ひょっとすると過去に琵琶湖・淀川水系から入り込んだものが生き残っていたものかもしれません。

渓流の生きものがいない：周辺山地の標高が低いため、渓流部が少なく、渓流にすむ生き物が少ないのも大和川水系の特徴です。ナガレヒキガエルやナガレタゴガエルなど渓流棲のカエルの分布する琵琶湖・淀川水系、吉野川・紀ノ川水系に対し、大和川水系にはいません。渓流棲のサンショウウオも、大和川での記録は非常に少ないです。これは、琵琶湖・淀川水系、吉野川・紀ノ川水系とも源流域が標高1000mを越すのに対し、大和川水系ではほとんどの地域で500m以下です。源流域の標高の違いは、渓流部の長さが違うだけでなく、上流部の水温や水量の違いも関わってくるでしょう。

レキ床が少ない：現在の地質と生き物の分布ではある程度関係しているものがありま

6章　大和川水系の生物多様性の特徴と未来

表6-1　琵琶湖・淀川，吉野川・紀ノ川，大和川の各水系における固有種・亜種および渓流棲両生類の生息状況（◎はその水系固有種・亜種，○は生息）．

	科名	種名	琵琶湖・淀川	吉野川・紀ノ川	大和川
固有種・亜種	コイ科	ワタカ	◎	○†	○†#
		ハス	◎*	○†	○†#
	ナマズ科	ビワコオオナマズ	◎		
	イシガイ科	オグラヌマガイ	◎		
		マルドブガイ	◎		
		イケチョウガイ	◎		
		オトコタテボシガイ	◎		
		ササノハガイ	◎		
渓流棲両生類	アオガエル科	カジカガエル	○	○	○
	ヒキガエル科	ナガレヒキガエル		○	
	アカガエル科	ナガレタゴガエル	○	○	
	サンショウウオ科	ブチサンショウウオ	○	○	○
		ヒダサンショウウオ	○	○	○#
		ハコネサンショウウオ	○	○	
		オオダイガハラサンショウウオ		○	

*：側線鱗数の若干異なる個体群が福井県三方湖にも自然分布．
†：移入の可能性を示す．
#：今回生息確認できず．

す。それは地質の違いが川の底質の違いに反映されるからです。カジカガエルは、大和川水系では石川水系、それも石見川より西の天見川、加賀田川、石川にしかいません（P42図3-26アオガエル類の分布参照）。大和川水系で一番標高の高い金剛山から流れる千早川や水越川、奈良盆地の大和川の支流からはまったく確認されていません。それに対し、大和川水系以外の和泉山脈の麓の父鬼川、牛滝川、近木川上流などでは、比較的標高が低い地点からも確認されています。これは、石川水系西部のみが、和泉層群が分布している地域を上流域に持つことと関係します（巻末附図3参照）。1章で述べたように、大和川水系のほとんどの支流は花こう岩類の分布域を流れます。花こう岩が後背地だと、底質は上流から砂が多くなり、カジカガエルが好むレキがたくさんある河床にはなりません。また、水中のレキの下に暮らすヒメドロムシの仲間も、石川では9種、支流の加賀田川では11種見つかっているのに対し、同じような渓流環境の飛鳥川上流で7種、寺川上流で6種と、石川水系の方が多くの種類が見つかります。このような底質の違いが種数に反映しているのでしょう。また、石川は他の大和川水系の支流との地質の違いを反映し、中・下流域にもレキ州がたくさんあります（図版4図23）。砂レキの裸地で繁殖をするイカルチドリが石川以外ではほとんど確認されないのは、底質の違い、ひいては支流の地質分布の違いと関係していると考えられます。

しかし、地史が分布のすべてを解明出来るわけではありません。ヤマアカガエルとニホンアカガエルは、同じような環境で生活するにもかかわらず、その分布域は明瞭に分かれます（P40図3-22）。これらのカエルの移動力の低さから考えると地史的な

要因がその分布を規制している可能性がありますが、分布を分ける明確な理由はわかりません。〈中条・石田・谷田〉

2．人の作った環境と生き物

　大和川流域は、古くから人の手が加わり開発されてきました。江戸時代に流路が付け替えられた大阪府部分は言うまでもなく、源流から河口までほぼすべて人の手が加わっているといえます。こうした中で、流域から失われた自然環境も確かにあります。例えば照葉樹林のほとんどは失われています。水田に適した低地も大きく改変されました。それは河畔林がほとんど無いこと、氾濫原の植物の大部分を欠いていること（3章参照）などに象徴されます。しかし、人の手が加わることで、維持されてきた環境もまた多いのです。

　自然への人の働きかけは、大和川の自然を理解する上で欠かせません。この50年の急激な変化と区別した上で考えてみましょう。

　縄文時代から始まった耕作、特に水田耕作は、技術の発達とともに拡大していきます。それは水利技術の発達でもあります。最初は丘陵の周辺部で、斜面からしみ出す水や小川を利用して広がります。そして古墳時代から飛鳥時代に平野部の低湿地が開発され、条里田となります。水路を築き、堰き止めを利用しながら田へ水を入れます。労働力としての牛の活用は古くから行われていますが、このために水田や水路の周りなどの草地が重要な場所として維持されます。平安時代になり、荘園開発が進み、現在の丘陵地の里山景観が形作られていきます。本格的な棚田開発が進むのは築城技術が転用される桃山から江戸時代になってからです。このように、水田開発は一気に進んだのではなく、時代とともに、少しずつ変わっていきました。こうした中で、水田とその周辺の水路には、多くの水辺の生き物が定着していきました。水田は、稲作を目的に造られたものですが、浅い水域・湿地環境として機能しています。その理由として、一つはこれらの水路は基本的に勾配や一時的な堰き止めを活用したものであり、生き物の移動にあまり大きな妨げとならなかったことと、河畔林はなくなったといえども、畦や土手、周囲の里山など周辺には種々の樹木や草地が保たれていたことがあげられます（図6-2）。河川と水路、水田がつながることで、ナマズやメダカ、ドジョウなどの魚の繁殖や幼魚の生育の場としての役割を果たしてきました。また、水田のまわりの里山も、カエルやホタルなど水域と陸域の両方が必要な生きものが使っています。この水辺と林のネットワークが水辺の生き物の多様性を育んできました。失われた氾濫原や低湿地の生物の一部も含めて、数多くの生き物がこうした場所に生き

6章　大和川水系の生物多様性の特徴と未来

図6-2　林と水路・水田が連続する環境（桜井市）．

延びてきました。そして人々もため池や河川そして水田までも漁労の場として活用し、大和川水系の自然の恵みを受けていたのです。

　しかし、現在の開発は水田は米生産の場所、河川は利水と治水のための空間、として単純な割り切りがなされ、水路と河川、そして田といった水のネットワークではなく、ゴム堰やポンプ、水道といった生き物の移動には大きな障壁となる構造物に変わっています。水辺から林といった里山のネットワークも堤防上の道路、公園などに変わっています。田の畦や川の土手といった草地も牛のいない現在には無用の存在です。過去50年の人間活動は、技術力によって、こうしたネットワークを切り裂いてしまったともいえます。〈佐久間・中条〉

3．大和川水系の生物多様性を守るために

　ここ数十年の間に大和川水系周辺の環境は、急激に変化し、大和川水系の生物多様性を急速に減少させつつあります。4章に、現在の大和川水系の生物多様性に起きつつある危機的な状況の主だったものを紹介しましたが、重要なポイントを整理し、今後について考えたいと思います。

　大和川水系の生物多様性に大きな影響を与える要因として、まず取り上げるべきは、前項に示したネットワークの分断です。河川の管理は、人間が水を農業に利用し（利水）、また生活域への浸水を防ぐ（治水）事を目的に進められ、自然環境の保全という観点はつい近年まで欠けていました。たとえば、水田や水路の行き来が断たれた影響を、もっとも強く受けて減少したとされるのはダルマガエルで、現在ではきわめて絶滅に近い状態になっています。他の多くのカエル類も繁殖期には水辺で、それ以外の時期には林で生活するため、これらのネットワークが分断される影響は致命的です。

こうしたネットワークの分断の影響は、すぐに現れるとは限りません。何年もたって初めてその影響がわかる場合もあります。ネットワークが分断されても生活史がまっとうできるなら、しばらくは生息しています。しかし、長期的に見た場合、孤立した小さな集団は、各地で絶滅の危機に陥ります。ネットワークが分断されていると、一度絶滅した場所へ他の場所から再び進入もできません。他の集団と交配出来ないことから遺伝的な劣化も進みます。したがって、将来において、急速な個体数と分布域の減少が起きる可能性があります。

　実際、水田・水路・ため池・河川・林のネットワークこそが現在の大和川の水辺の生き物に生活の場を提供しているのです。今一度、このネットワークの価値を思い起こすべき時でしょう。

　弥生時代から水田として開発され、800年前にはほぼ現在と変わらない水田・水路網とそこにすむ生き物たち。これらは人の手が作った文化財ともいえます。大和川水系という非常に人と自然の関わりの歴史が深い場所においてこうした自然の関わる文化財である水辺のネットワークが残る場所は大変重要な存在です。このネットワークが今もしっかり残っている、天理市・桜井市の大和川源流部、生駒市の富雄川源流域、矢田丘陵周辺、桜井市の初瀬川〜寺川流域、御所市〜高取町の曽我川流域などでは、豊かな水辺の生物相が保たれています。大和川の自然にとって心臓部ともいうべき、保護すべき区域です。高い山や形のある湖ではなく、普通の里山と水辺のネットワークこそが、大和川のもっとも保全すべき領域なのです。

　現状を見つめたとき、ネットワークの保全・復活は緊急の課題です。ただし、移入種の進入を促進するようなネットワークは有害に働く場合があります。例えば、紀ノ川水系の水とともに魚や水生昆虫を大和川水系に運び込んでいる吉野川分水は、本来の大和川水系の独自性と多様性を乱している可能性があります。

　集水域のほとんどが都市化された現在、大和川自体が大阪・奈良を縦横に走るネットワークといえます。特に大阪を流れる大和川は江戸時代に付け替えられた人工河川としての趣が強いとはいえ、都市を通る緑地帯としての役割は非常に大きなものです。単に水路として管理するのではなく、水辺の生き物を含めた保全地域の要素を加えた複合的な管理をすることで、水辺の生き物だけでなく、元来草原や湿地にすんでいた昆虫、鳥、植物などが都市で生活することのできる、都市と自然が共存するための都市計画軸として活かすことができるでしょう。

　もう一つの重大なのは、移入種問題です。特に下流域の大和川の水辺で目に付く生きものはほぼ移入種といっても過言ではありません。また、日本在来の動物ですが大

図6-3 川と水田をつなぐネットワークの要である水路.このような生き物がすみやすい素堀りの水路は少なくなっている（桜井市）.

和川の各地に放されたコイは、川の中の貝類や水草を食べ尽くすなど、重大な影響を与えています。外国の種だからダメ、国内産だからOKという単純な判断ではなく、この場所はしばらく前にはどういう場所だったのだろうか、という想像力を働かせた、地域への配慮が欠かせません。

捕食や交雑など、直接的な移入種の影響はわかりやすいのですが、多くの移入種が生態系にどのような影響を与えているのかは、実のところよくわかっていません。しかし、さまざまな種が、複雑に関係しあって、生態系が成立していることを考えると、我々に想像できない部分で、移入種が重大な影響を与えている可能性があります。自然保護とは、その地域の自然の歴史性を守ることだと考えると、人間がむやみに余所から生物を持ち込むことこそが問題です。

4章にあげたのは、多くの生物に影響を与える要因が中心でした。この他にも個別の生物の生存に様々な要因が関わっています。たとえばニホンアカガエルやヤマアカガエルの産卵には、2～3月に水のたまっている水田が必要です。近年圃場整備にともなう乾田化が進む中で、冬期に水のある水田が減少し、産卵適地も減少しています。また、近年、水田に水が入る時期が遅くなるにつれて、シュレーゲルアオガエルなど水田で繁殖するカエル類の繁殖開始も遅くなっているようです。このように、水田環境や管理の変化が、水辺の生物の生存や生活史に大きな影響を与えています。

生息環境のネットワークの分断、移入種問題、水田環境の変化は、いずれもここ数十年の間に生じたといっていいでしょう。1500年以上にわたって、人と共存してきた大和川水系の生物相は、いま重大な危機に陥っているのです。

こうしたバックグラウンドの状況悪化は、今までは問題にならなかった人間活動が、生物多様性に重大な問題を与えるようになっています。河川敷への人の立ち入りは、かつては問題にならなかったでしょうが、繁殖適地が減少した現在では、イカルチド

リなど河川敷で繁殖する鳥に大きな影響を与えるようになっています。生息地がきわめて少ない現在、イシガイ類やタナゴ類、ダルマガエルは、これ以上わずかの採集であっても重大な影響を及ぼすでしょう。〈和田・中条・佐久間〉

4．未来への提言

　それでは、大和川水系の生物多様性を将来にわたって守るにはどうしたらいいでしょう。きわめて多くの人が暮らしている大和川水系で、人の影響を排除して生物多様性を守るのは現実的ではありません。そもそも大和川水系で現在見られる生物相は、人との関わりの中で維持されてきたのです。大切なのは、ここ数十年に生じている急激な変化をよく検討し、生物多様性への影響を緩やかにし、守るべき環境を明らかにして、必要な対策を打つことです。いくつか思いつく点を挙げておきましょう。

・**水辺の自然ネットワークの復活**：水のネットワークを復活させ、河川の生物のすみ場所など多面的な機能を重視した管理が必要です。たとえば、各所に見られるゴム堰は、農業用水の確保に必要ですが、そうでない季節には開放するべきでしょう。また、さまざまな形のダムにおいても、淡水魚が行き来できる道を確保する必要があります。水田やため池、河川のネットワークを復活させるには、水路のあり方を考え直す必要があります。これは単に親水護岸に置き換えればいいというような工事の問題だけではなく、管理の面でも見直しが必要です。コンクリート三面張りの護岸であっても、その内側に泥や砂がたまりさえすれば、多くの生物の生息場所になります。一方で、淡水魚や両生類の移動の障害になる大きな段差は、なくしていくことが望ましいでしょう。改良は、本当に効果を上げているか、モニタリングしながら着実に進めていく必要があります。

・**水田の多面的機能の維持**：水田環境は食料生産だけでなく、生物多様性を維持する上でも大きな機能を持っていることを認識し、生物多様性維持を目的の一つにした水田環境の維持を推進する必要があります。

・**移入の予防**：これ以上、移入種を増やさないよう、一人一人が移入種問題を認識し、むやみに生物を放さないよう対策が必要です。昨年から外来生物法が施行されましたが、特定外来生物に指定されていないから放していいわけではありません。これは、飼いきれなくなったペットを放してはいけないというだけではなく、地域活性化やみんなを楽しませる目的であっても、コイやホタルを放さない、といった事も含まれます。

・**希少種のモニタリング**：ダルマガエルなどの両生類、タナゴ類などの淡水魚類、イ

シガイ類などの貝類など、希少性のきわめて高い生物に関しては、生息地を把握しモニタリングすると共に、生息環境の保全の対策が必要です。さらに採集されることのないように、生息場所の情報管理には注意が必要です。〈和田〉

5．大和川の自然を見つめ続けること―むすびにかえて―

　水質が悪いという点ばかりが強調され生物多様性は低いと思われてきたためか、固有種がいないこともあってか、大和川水系の生物相は、今まであまり調査されてきませんでした。今回のプロジェクトYの取り組みによって、大和川水系の生物多様性の全体像の一端が、初めて明らかになり、保全の必要な生物種や環境がわかってきました。これは大和川水系の生物多様性を理解する上で第一歩にすぎません。しかし、この成果は今後、大和川水系の生物多様性を守っていく上で、貴重な基礎資料を提供することでしょう。これは、博物館の大きな使命でもあります。

　同時に、これを機に、一人でも多くの人が、大和川水系をはじめとする身近な水辺の自然に目を向けて、生物多様性について考えるきっかけになれば、今回の調査の目的は十分達せられたのではないかと思います。身近な自然の未来に、もっとも危険なことは「無関心」であるのではないかと思うからです。

　とはいえ、「自然を見つめること」をそんな大仰に構える必要はありません。身近な川に行って、河原に咲く花を、花に来る虫を、川を泳ぐ魚を眺めることからはじめましょう。そして一歩進めて、それらの生き物がどんな名前か、どの季節にたくさんいるのか、どんな場所にいてどんな場所にいないのかを調べてみましょう。そもそもプロジェクトYの参加者も、強い使命感に燃えて調査に参加したわけではありません。みんなで手分けし、調査すること自体が楽しかったのです。調査は楽しいことばかり

図6-4　甲虫班の○○洗いによるヒメドロムシ採集風景．

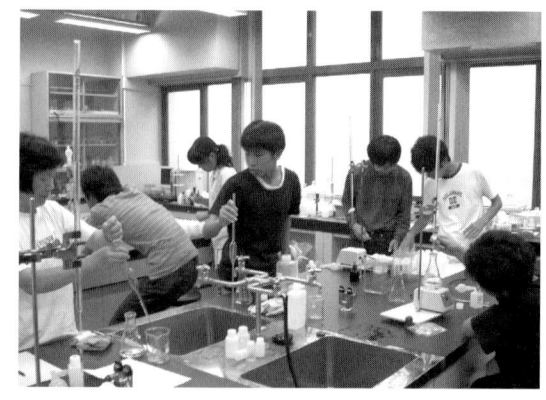

図6-5　水質班の分析風景.

ではありませんが、調査結果が分布図などという形になったときは達成感があります。また、調査という経験を通して、それぞれの人の中に自然に対する目が育まれていきます。どこにどんな生き物が暮らすのか、逆にどんな川の状態だったらこの生き物はいないなあ、ということがしだいに感じ取れるようになります。調査を通じてそのような目を育てることで、きっと自然を見つめる目がかわってくるでしょう。このような調査は、博物館に働く学芸員やプロの研究者だけでは決して成し遂げられないものです。

　自然史博物館では大和川だけでなく、海も山も他の川も、街中の公園や街路樹も、いろいろな環境の自然をこれからも調べていきます。そして、何年後になるかはわかりませんが、いつかは再び大和川水系の調査を行いたいと思います。その時は今回調査に参加していないあなたも加わって、ぜひ一緒に調査をしてみましょう。こうして調査の輪が広がり、自然を見つめる目が増え、それが生物多様性を守ることに少しでもつながれば、私たちにとって望外の喜びです。〈和田・中条〉

参考文献

1章 および全体に関係するもの

市川眞一・益田晴恵・中条武司・田根 敬・三田村宗樹．2003．大和川河口域の水と底質におけるヒ素の挙動と濃集過程．地球惑星科学関連学会合同大会予稿集（CD-ROM），C004-002．

市原 実（編著）．1993．大阪層群．創元社，大阪，340 pp．

今西塩一．2004．曽我川（大和川水系）に侵入する淡水魚類．関西自然保護機構会誌，26(1)：21-28．

大阪市立自然史博物館（編）．1981．第8回特別展解説書 河内平野の生いたち．大阪市立自然史博物館，大阪，52 pp．

大阪市立自然史博物館（編）．1991．第18回特別展解説書 淀川の自然．大阪市立自然史博物館，大阪，68 pp．

大阪市立自然史博物館（編）．1994．第21回特別展解説書 琵琶湖—おいたちと生物—．大阪市立自然史博物館，大阪，64 pp．

大阪市立自然史博物館（編）．2001．第29回特別展解説書 レッドデータ生物—失われゆく自然と生きもの—．大阪市立自然史博物館，大阪，62 pp．

大阪市立自然史博物館．2005．大和川付替え300周年記念シンポジウム「日本の川の自然と大和川」記録集．自然史研究，3(4)：49-68．

Kataoka, K. and T. Nakajo. 2002. Volcaniclastic resedimentation in distal fluvial basins induced by large-volume explosive volcanism: the Ebisutoge-Fukuda tephra, Plio-Pleistocene boundary, central Japan. Sedimentology, 49：319-334.

角野康郎．1995．ウエットランドの自然．保育社，大阪，198 pp．

栗本史雄・牧本 博・吉田史郎・高橋裕平・駒澤正夫．1998．20万分の1地質図幅「和歌山」．地質調査総合センター（旧地質調査所），つくば．

河田清雄・宮村 学・吉田史郎．1986．20万分の1地質図幅「京都及大阪」．地質調査総合センター（旧地質調査所），つくば．

田端英雄（編）．1997．里山の自然．保育社，大阪，199 pp．

趙 哲済・松田純一郎．2003．河内平野の古地理図．日本第四紀学会2003年大阪大会実行委員会（編），大阪100万年の自然と人のくらし，日本第四紀学会，東京，口絵（IV）．

半谷高久・小倉紀雄．1995．水質調査法 第3版．丸善，東京，335 pp．

奈良県立民俗博物館．1997．大和川水辺の民俗．奈良県立民俗博物館，大和郡山，41 pp．

松浦浩久・栗本史雄・寒川 旭・豊 遙秋．1995．5万分の1地質図幅「広根」及び説明書（地域地質研究報告）．地質調査総合センター（旧地質調査所），つくば．

宮本 誠．1994．奈良盆地の水土史．農山漁村文化協会，東京，309 pp．

山崎不二夫．1996．水田ものがたり—縄文時代から現代まで．山崎農業研究所，東京，188 pp．

大和川工事事務所．2002．大和川流域のあゆみ 時の流景．大和川工事事務所，柏原，30 pp．

大和川工事事務所．2002．大和川の水環境H13データ～私たちの川をもっときれいに～．大和川工事事務所，柏原．

大和川河川事務所．2005．大和川河川事務所事業概要．大和川工事事務所，柏原，18 pp.
大和川河川事務所ホームページ　http://www.yamato.kkr.mlit.go.jp/YKNET/

3章関係

朝日　稔．1977．金剛・生駒山地・和泉山脈の中・大型哺乳類．日本自然保護協会関西支部（編），金剛・生駒山地及和泉山脈の環境調査（学術調査），大阪府農林水産部自然保護課，大阪，pp. 83-92.

東　正雄．1995．原色日本陸産貝類図鑑（増補改訂版）．保育社，大阪，lxxx+343 pp.

安堵町史編纂委員会（編）．1993．安堵町史本編，安堵町，1159 pp.

石井久夫．1990．ミニガイドNo. 5　びわ湖・淀川の貝．大阪市立自然史博物館，大阪，38 pp.

石橋　亮．2005．シジミ類の分布と特殊な発生過程―大和川水系には日本産シジミが残っていた―．自然史研究，3(4)：60-63.

井出　泉．2001．ダルマガエルの生息環境の悪化状況―奈良県北部と近辺の現状―．紀伊半島野生動物研究会会報，(27)：24-26.

井出　泉・井上龍一．1998．猿沢池に生息する淡水棲カメ類について．Ⅰ．生息種と活動性．紀伊半島の野生動物，(4)：23-33.

今西岩太郎．1937．大和川産魚族の研究．保井芳太郎（編），大和王寺文化史論，大和市学会，奈良県王寺，pp. 135-141.

今西塩一．2001．寺川（大和川水系）に生息する魚類．関西自然科学，(50)：6-10.

今西塩一．2002．飛鳥川（大和川水系）とそこに流れる内水河川の魚類．関西自然科学，(51)：6-11.

今西塩一．2003．葛城川（大和川水系）とそこに流れる内水河川の魚類．関西自然科学，(52)：1-8.

今西塩一．2003．大和川の氾濫原を流れる小河川に生息する淡水魚介類．関西自然保護機構会誌，24(2)：113-120.

今西塩一．2004．曽我川（大和川水系）に侵入する淡水魚類．関西自然保護機構会誌，26(1)：21-28.

梅原　徹・栗林　実．1991．滅びつつある原野の植物．Nature Study，37(8)：87-91.

浦部美佐子．2000．日本産カワニナの生態とホタル事業．森誠一（編），環境保全学の理論と実践Ⅰ，信山社サイテック，東京，pp. 45-64.

大阪府アライグマ被害対策検討委員会（監修）．2005．知って防ごうアライグマの被害　アライグマ被害対策の手引．大阪府．

大阪昆虫同好会．2005．大阪府の蝶．大阪昆虫同好会，神戸，256 pp.

大美博昭・鍋島靖信・日下部敬之．2001．大阪湾奥河口域における幼稚仔魚の出現種と種類数の季節変化について．大阪府立水産試験場研究報告，(13)：61-72.

尾園　暁・桜谷保之．2005．奈良県のトンボ相―1998年～2003年の調査記録．近畿大学農学部紀要，(38)：71-155.

角野康郎．1994．日本水草図鑑．文一総合出版，東京，179 pp.

上岡　岳．1993．奈良市内の淡水魚類相．紀伊半島の野生動物，(1)：11-18.

環境庁（編）．1979．第2回自然環境保全基礎調査．動物分布調査報告書（両生類・は虫類）大阪府．環境庁，東京，54 pp.

環境庁（編）．1979．第2回自然環境保全基礎調査．動物分布調査報告書（両生類・は虫類）奈良県．環境庁，東京，34 pp.
環境庁（編）．1980．日本の重要な植物群落　近畿版．環境庁，東京．
環境庁（編）．2000．改訂・日本の絶滅のおそれのある野生生物—レッドデータブック—8．植物Ⅰ（維管束植物）．自然環境研究センター，東京，660 pp.
関西トンボ談話会．1984．近畿のトンボ．関西トンボ談話会，奈良，170 pp.
北端信彦．1983．流域の魚：大和川水系石川（大阪府）．淡水魚，(9)：92-95.
Kimura, T., M. Tabe and Y. Shikano. 1999. *Limnoperna fortunei kikuchii* Habe, 1981 (Bivalvia：Mytilidae) is a synonym of *Xenostrobus securis* (Lamarck, 1819)：Introduction into Japan from Australia and/or New Zealand. Venus, 58：101-117.
黒田徳米．1938．日本産蜆類の研究．VENUS．8(1)：21-36.
口分田政博・森岡昭雄．1951．日陰の池と日向の池の生物相の比較．関西自然科学研究会会誌，(5)：12-16.
Grygier M. J., Kusuoka Y., Ida M. & Lake Biwa Museum Field Reporters 2002. Distributional survey of large branchiopods of rice paddies in Shiga Prefecture, Japan: a Lake Biwa Museum Project based on lay amateur participation. Hydrobiologia, 486: 113-146.
桑島正二．1990．大阪府植物目録．近畿植物同好会，大阪，197 pp.
御勢久右衛門・六山正孝．1981．動物．河合町史調査委員会（編），河合町史，河合町役場，pp. 565-576.
後藤光男．1946．京阪神地方に於ける斑みょう相について．近畿甲虫同好会，1(1)：1-6.
近藤高貴．2002．日本産イシガイ類図鑑（web版）．大阪教育大学，柏原．
柴田保彦．1977．カジカガエル．大阪市立自然史博物館（編），第4回特別展「和泉山脈の自然」解説書．大阪市立自然史博物館，大阪，p. 27.
清水建美（編）．2003．日本の帰化植物．平凡社，東京，337 pp.
須川　恒．1993．魚食性水鳥（ウやミズナギドリなど）の生態と現況．関西自然保護機構会報，14(2)：65-72.
杉浦哲也．2005．奈良県のスクミリンゴガイの顛末．大和昆虫季，(31)：6.
瀬戸　剛・梅原　徹．1993．地域植物研究—大阪府．植物の自然誌プランタ，(29)：39-43.
武田正倫．1982．原色甲殻類検索図鑑．北隆館，東京，284 pp.
太刀掛優．1998．帰化植物便覧．比婆科学教育振興会，庄原，306 pp.
辰巳澪子．1948．近畿地方の淡水蝦について．関西自然科学研究会会誌，3：6-7.
津田松苗．1950．大和初瀬川水棲動物覺書．関西自然科学研究会会誌，4：7.
津田松苗・六山正孝．1961．動物．安堵村史編集委員会（編），安堵村史，安堵村役場，pp. 324-332.
津田松苗・六山正孝．1963．動物．斑鳩町史編集委員会（編），斑鳩町史，斑鳩町役場，pp. 839-855.
津田松苗・六山正孝．1969．動物．王寺町史編集委員会（編），王寺町史，王寺町役場，pp. 723-739.
中谷憲一・今給黎靖夫・金沢　至・河合正人．2003．トガリアメンボの発見と生息環境．Nature Study．49(2)：15-17.
奈良県高等学校教科等研究会生物部会調査研究委員会．1979．奈良県下のカブトエビの分布．

奈良県生物教育会誌, ⒆：15-16.
成山嘉二．2001．大阪府南東部の蝶．Crude, ㊺：1-11.
西野麻知子．1983．特集・琵琶湖のスジエビ．琵琶湖研究所ニュース，6：4-5.
日本生態学会（編）．2002．外来種ハンドブック．地人書館，東京，390 pp.
日本野鳥の会大阪支部鳥類目録編集委員会．1987．大阪府鳥類目録．日本野鳥の会大阪支部，大阪，82 pp.
原田正史．2002．紀伊半島のカワネズミ．Nature Study, 48(5)：56-57.
比婆科学教育振興会．1996．広島県の両生・爬虫類．中国新聞社，広島，163 pp.
藤井伸二．1994．琵琶湖湖岸の「原野の植物」とその現状(1)．Nature Study, 40(9)：99-104.
藤井伸二．1994．琵琶湖岸の植物—海浜植物と原野の植物．植物分類地理, 45(1)：45-66.
藤井伸二．1999．大和川でヒキノカサを再発見！．Nature Study, 45(7)：80.
藤井伸二．2000．ヒキノカサの個体群規模と生態に関するノート．水草研究会会報，69：16-21.
藤井伸二．2005．キキョウとフジバカマが語る草地の危機．植物の自然誌プランタ，⑽：44-55.
増田　修・内山りゅう．2004．日本産淡水貝類図鑑2　汽水域を含む全国の淡水貝類．ピーシーズ，東京，240 pp.
水野信彦・宮城正義．1964．大阪府・石川における魚類の生息状況．関西自然科学, ⒃：15-18.
宮城正義．1969．石川—大和川水系の自然観察シリーズ，その4，川の魚．Nature Study, 15⑿：154-157.
三宅貞祥．1982．原色日本大型甲殻類図鑑（Ⅰ）．保育社，大阪，vii＋261 pp.
三宅貞祥．1983．原色日本大型甲殻類図鑑（Ⅱ）．保育社，大阪，vii＋277 pp.
山西良平・波戸岡清峰．1999．ミニガイドNo.17　干潟に棲む動物たち．大阪市立自然史博物館，大阪，38 pp.
山本博子・永井敦子・増田静子・金沢圭子・金沢　至．2005．大和川水系にホソオチョウが定着？．Nature Study, 51(2)：15-17.
淀川の昆虫を調べる会．1990．淀川の昆虫⑸淀川流域のシデムシの分布⑶．Nature Study, 36(7)：79-80.
レッドデータブック近畿研究会．2001．改訂・近畿地方の保全上重要な植物—レッドデータブック近畿2001—．平岡環境科学研究所，川崎，164 pp.
和田　岳．2001．大阪湾カモメ類分布調査—速報—．大阪鳥類研究グループ会報，㉓：10-11.
和田　岳．2005．カワウモニタリング調査　2005年繁殖期の報告．大阪鳥類研究グループ会報，㊿：6-8.
渡部哲也・福田　宏．2004．奈良県内で初めて記録された淡水棲巻貝ウスイロオカチグサ（カワザンショウ科）．Nature Study, 50⑿：158.

4章関係

琢磨千恵子・渡辺雄二・有山泰代・小川貞子・酒井宏光・武市博人・岸　基史・森本静子・藤田朝彦．2004．生駒市高山ため池群の魚類相について—サンフィッシュ科魚類の在来魚に与える影響—．関西自然保護機構会誌, 26(2)：123-130.

日本魚類学会自然保護委員会（編）．2002．川と湖沼の侵略者ブラックバス―その生物学と生態系への影響―．恒星社厚生閣，東京，150 pp.

福田晴夫・浜　栄一・葛谷　建・高橋　昭・高橋真弓・田中　蕃・田中　洋・若林守男・渡辺康之．1982．ホソオチョウ．原色日本蝶類生態図鑑（I），保育社，大阪，pp. 83-85.

松本清二・永井伸夫・今西塩一・蓮池宏一・幸田正典．1998．奈良県及びその周辺域での移入魚タウナギの分布拡大．日本生態学会誌，48(2)：107-116.

宮武頼夫．2005．半翅類における外来種の現状．昆虫と自然，40(12)：4-6.

遊佐陽一．2005．水田生態系への侵入者スクミリンゴガイ（ジャンボタニシ）の大和川上・中流域における現状．自然史研究，3(4)：50-51.

5章関係

石田貞雄（編）．1986．金魚グラフィティー．光琳社出版，京都，112 pp.

日本酒造組合中央会ホームページ　http://www.japansake.or.jp/sake/

6章関係

今西岩太郎．1937．大和川産魚族の研究．保井芳太郎（編），大和王寺文化史論，大和史学会，奈良県王寺，pp. 135-141.

六山正孝．1949．大和川のハス．陸水学雑誌，14：140.

謝辞
プロジェクトYの調査および本書を作成するにあたり、多くの方から貴重なご教示、ご指導をいただきました。以下に、ご協力をいただいた方々・機関の名前を記し、感謝の意を表します。

明日香村立明日香小学校、飯島　昌、井上　靖、伊東宏樹、稲本雄大、井上龍一、
浦部美佐子、（株）エアロビデオ、（株）大倉本家、大阪市立大学基礎教育実験棟、
大阪市立大学大学院理学研究科、大阪鳥類研究グループ、岡山大学固体地球研究センター、
尾園　暁、風間美穂、橿原市昆虫館、橿原市昆虫館友の会、加藤敦史、角野康郎、
関西トンボ談話会、木村忠司、京都大学生態学研究センター、幸田保雄、
国土交通省近畿地方整備局大和川河川事務所、近藤高貴、堺市立錦綾小学校、杉之原専司、
玉井製麺所、趙　哲済、津田　滋、東京工業大学大学院総合理工学研究科、外丸須美乃、
中井穂瑞嶺、中谷憲一、永益英敏、夏原由博、西野麻知子、日本直翅類学会、
初瀬川水域漁業協同組合、畠佐代子、藤田朝彦、松原　始、丸山健一郎、宮武頼夫、
大和川水域河川漁業協同組合、横田　靖、Mark J. Grygier
（50音およびアルファベット順、敬称略）

　なお、プロジェクトYの調査の一部に、文部科学省平成16-17年度「社会教育活性化21世紀プラン」、および財団法人河川環境管理財団の河川整備基金の助成を使用しました。

プロジェクトYの調査は2002年10月から、以下のメンバーで行いました。匿名を希望される方・団体を含め、178名・4団体、下は小学生から年配の方まで、素人も専門家も関係なく、みんなで大和川のすみずみまで調査しました。
【プロジェクトYメンバー】（自然史博物館学芸員を除く）
青木　隆、足立恵理、石川自然クラブ、板本瑶子、伊藤寛治、伊藤ふくお、今西塩一、猪口洋子、
岩崎佳子、岩崎靖久*、岩本浩明・遼太*、上村剛史、上山淳子・英雄・幸恵、魚住敏治*、
鵜飼恒生、内田修一・拡輝、浦野信孝、江波加代、大古場正、大阪府立阪南高等学校生物部、
岡崎香生里、奥田悠太・幸江・幸男、小倉朱瑠・寧巳、尾上孝利、加賀まゆみ、笠井文夫、
角野修造、金尾貴徳、狩野登之助、河井悦子、川添栄計、河野美幸・勇希*・芳美、
河辺譲治・良、木下　進、北口吉輝、日下部実、高津好美、香本響太・利恵、木庭啓介、
小見山幸恵、小山　栄、澤田義弘、篠川貴司、篠沢健太、柴田光慈郎・園江、下村直己・晴美、
釋知恵子、竹川　学、田代　貢、立川稠士、橘麻紀乃、辰巳愼三、田中久美子、田中尚志、
田中伸道、谷　幸三、谷田一三、田村芙美子、陀安一郎、千葉教代、辻本　始、寺川裕子、
寺島久雄（故人）、土井妙子、冨永　修、中井紗織、永井敦子*、中川知津子、中嶋研人、
中村茜・碧・富予、中屋慧・眞司、西澤真樹子、西村静代・裕安、西村寿雄、野々垣大輝・稔、
萩尾高通・友彦、萩野和正、橋田俊彦、橋本幸恵、橋本由紀子、長谷川紀昭、花﨑勝司、速水　厚、
春木正太郎、春沢圭太郎、原　綾子、日野増夫・知子、福井康平・雄大・康雄、福西勝之、
藤本雅子、古谷菜木・亜矢子*、放送大学水の会、本田明義、松井悦子、松井敬子、松尾淳一、
増田静子*、桝田初美、益田晴恵、松崎　猛・妙子・優仁*・彰太、松下宏幸、松村　勲、松村憲一、
松村　隆、三木真冴貴*・正夫・晴子、右田耕一、道盛正樹、南口理恵、六車恭子、安井通宏、
山岡邦古、山本博子、米澤里美、李　暁東、Abida M. Farooqi
他のみなさま（50音およびアルファベット順、敬称略）
*の方は、プロジェクトYの感想を書いていただいた方々です。

大和川の自然　執筆者紹介

(*は編集)

石井久夫（いしい　ひさお）
大阪市立自然史博物館　学芸員
古生物学、軟体動物学

石田　惣（いしだ　そう）
大阪市立自然史博物館　学芸員
底生生物学、動物生態学、動物行動学

梅原　徹（うめはら　とおる）
特定非営利活動法人　大阪自然史センター理事
植生学、保全生物学

金沢　至（かなざわ　いたる）
大阪市立自然史博物館　学芸員
昆虫分類学、マダラチョウ類生物学

金山　敦（かなやま　あつし）
新日本環境調査株式会社
水生生物学

河合正人（かわい　まさと）
大阪市立自然史博物館友の会　評議員
直翅学

川端清司（かわばた　きよし）
大阪市立自然史博物館　学芸員
微古生物学、構造地質学

木邑聡美（きむら　さとみ）
いであ株式会社
水生生物学

佐久間大輔（さくま　だいすけ）*
大阪市立自然史博物館　学芸員
菌類・植物生態学

志賀　隆（しが　たかし）
大阪市立自然史博物館　学芸員
植物分類学

釋　知恵子（しゃく　ちえこ）*
特定非営利活動法人大阪自然史センター

初宿成彦（しやけ　しげひこ）
大阪市立自然史博物館　学芸員
昆虫分類学

谷田一三（たにだ　かずみ）
大阪府立大学大学院理学系研究科　教授
昆虫分類学、河川生態学、淡水動物の生物地理学

内貴章世（ないき　あきよ）
大阪市立自然史博物館　学芸員
植物系統分類学、植物繁殖生態学

中条武司（なかじょう　たけし）*
大阪市立自然史博物館　学芸員
堆積学、環境地質学

波戸岡清峰（はとおか　きよたか）
大阪市立自然史博物館　学芸員
魚類分類学

藤井伸二（ふじい　しんじ）
人間環境大学　准教授
植物分類学、植物生態学、保全生物学

益田晴恵（ますだ　はるえ）
大阪市立大学大学院理学研究科　教授
環境地球化学

松本吏樹郎（まつもと　りきお）
大阪市立自然史博物館　学芸員
昆虫分類・系統学

山崎俊哉（やまざき　としや）
環境設計株式会社
植生学、保全生物学

山西良平（やまにし　りょうへい）
大阪市立自然史博物館　館長
海洋生物学

和田　岳（わだ　たけし）
大阪市立自然史博物館　学芸員
鳥類生態学

附図1

大和川水系図

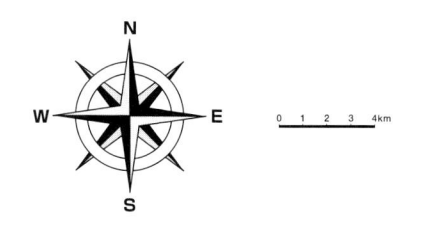

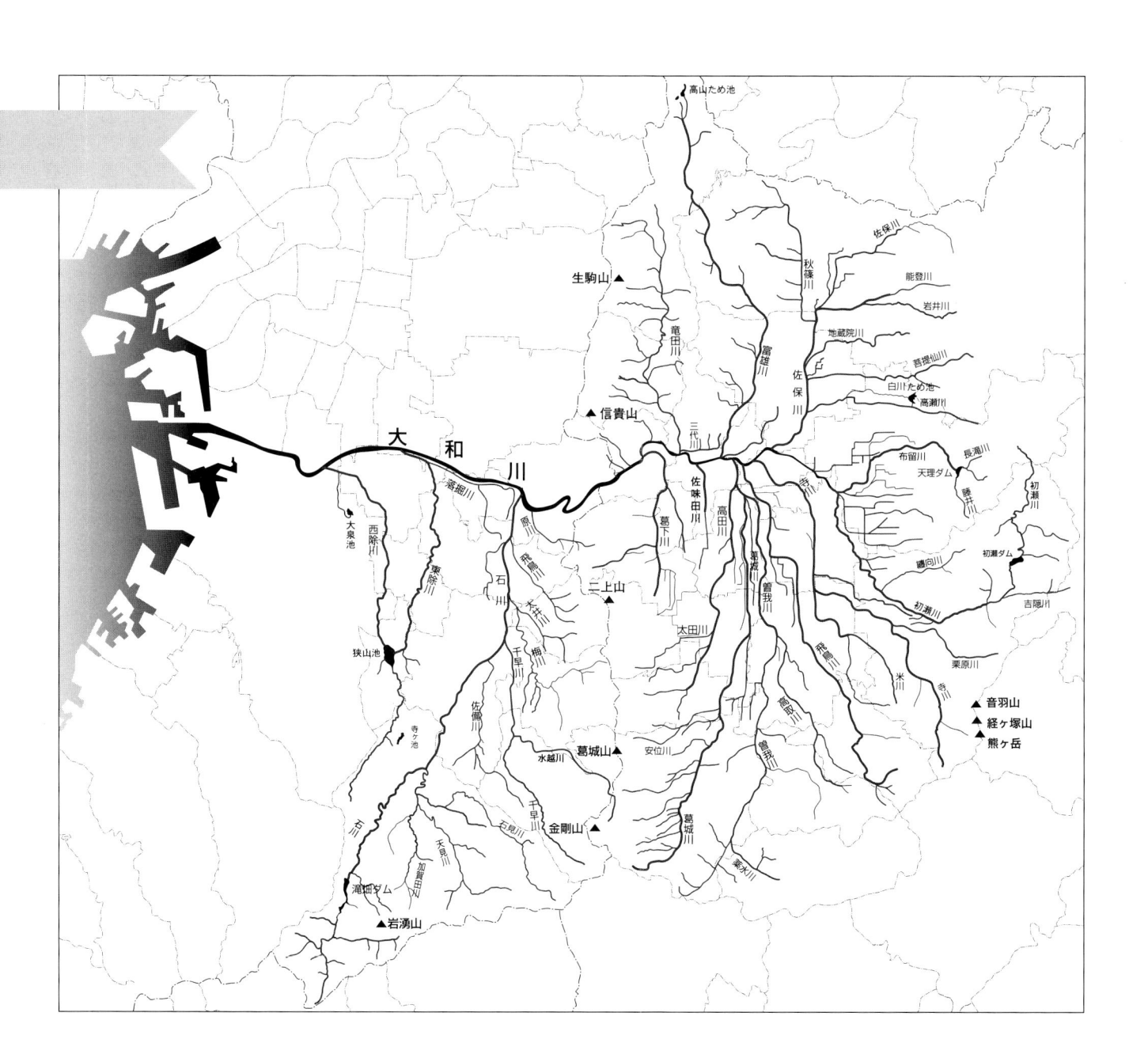

附図2

大和川水系河川縦断面図

大和川に北側から流れこむ主な支流

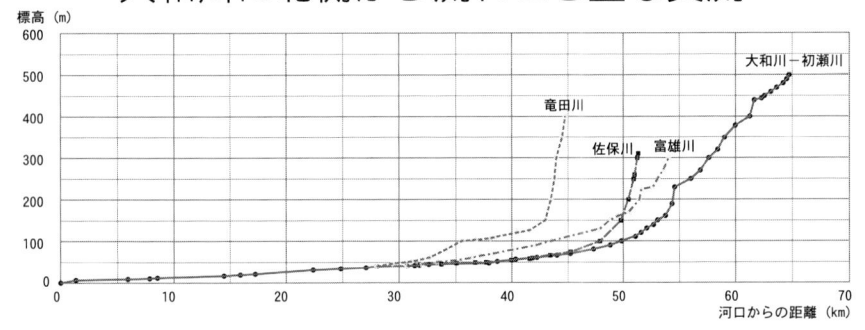

大和川に南側から流れこむ主な支流

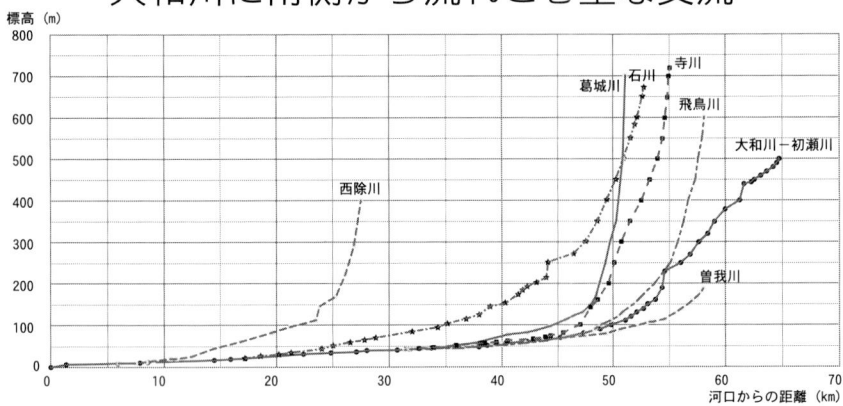

大和川水系の主な支流の河道断面（詳しくは1章参照）．
後背地が高い山地になる，石川，葛城川，寺川，飛鳥川は河川勾配が上流に向かい急になる．
それに対し，上流まで水田が広がる大和川本流，曽我川，佐保川，富雄川では，上流まで緩やかであることがわかる．

各支流の主な地名と河口からの距離（カッコ内）．
大和川〜初瀬川：上町台地（5km），亀の瀬渓谷（20〜25km），初瀬ダム（55km），桜井市小夫（62km）
石　川：河内長野市汐ノ宮（32km），河内長野市日野（40km），滝畑ダム（44km），蔵王峠（52km）
竜田川：近鉄生駒線萩の台駅（37km）
曽我川：近鉄吉野線・JR和歌山線吉野口駅（52km）
葛城川：御所市役所（44km）
富雄川：近鉄奈良線富雄駅（44km），高山ため池（52km）
飛鳥川：石舞台古墳（50km），稲渕（52km）
寺　川：桜井市倉橋（48km），多武峰（53km）
佐保川：近鉄奈良線新大宮駅（43km），春日山鶯の滝（51km）

附図3

大和川流域の地質図

地質調査総合センター発行20万分の1地質図幅
「京都及大阪」・「和歌山」および同5万分の1地質図幅
「広根」をもとに作成．

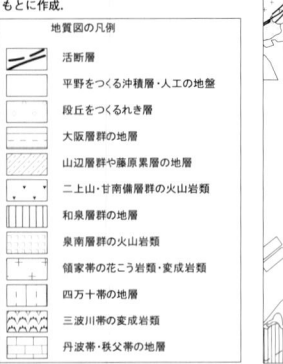

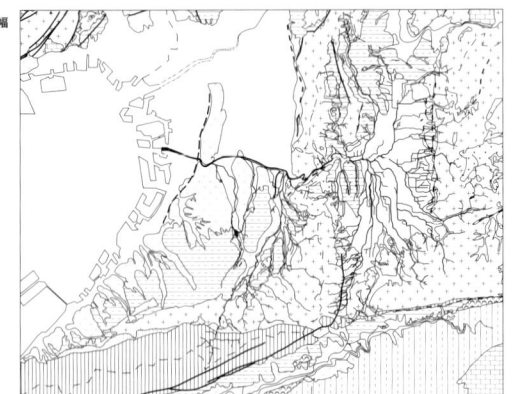

地質図の凡例
- 活断層
- 平野をつくる沖積層・人工の地盤
- 段丘をつくるれき層
- 大阪層群の地層
- 山辺層群や藤原累層の地層
- 二上山・甘南備層群の火山岩類
- 和泉層群の地層
- 泉南層群の火山岩類
- 領家帯の花こう岩類・変成岩類
- 四万十帯の地層
- 三波川帯の変成岩類
- 丹波帯・秩父帯の地層

附図4

特選大和川観察ポイント

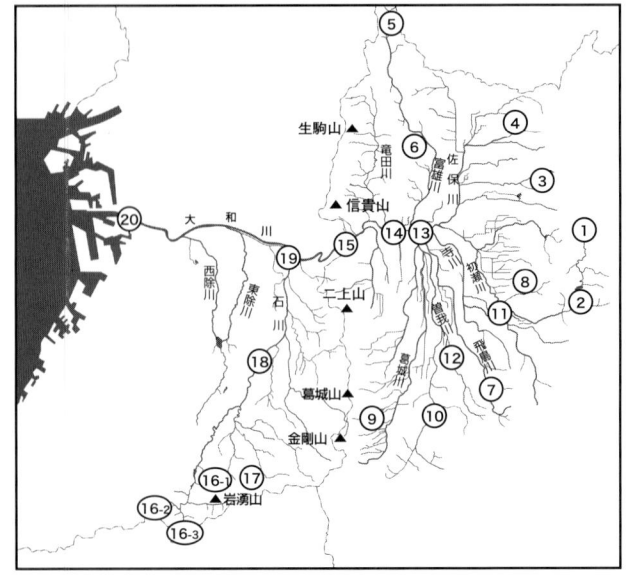

特選大和川観察ポイント（本文2章 P18〜25）．1：福住，2：初瀬，3：菩提仙川，4：奈良公園〜春日山・能登川，5：富雄川源流，6：矢田丘陵北部，7：飛鳥川，8：山辺の道，9：葛城古道，10：曽我川，11：寺川と桜井市街の水路網，12：橿原神宮深田池，13：富雄川合流から飛鳥川合流付近の大和川，14：大輪田付近の大和川，15：亀の瀬渓谷，16：滝畑（16-1：横谷，16-2：荒滝・御光滝，16-3：蔵王峠），17：流谷，18：石川中流・富田林，19：大和川・石川合流点，20：大和川河口．

大阪市立自然史博物館叢書—①
大和川の自然
やまとがわ　しぜん

2007年6月20日　第1版第1刷発行

編　著　大阪市立自然史博物館
　　　　〒546-0034　大阪市東住吉区長居公園1-23
　　　　TEL 06-6697-6221　FAX 06-6697-6225
　　　　URL http://www.mus-nh.city.osaka.jp/

発行者　大塚　保

発行所　東海大学出版会
　　　　〒257-0003　神奈川県秦野市南矢名3-10-35
　　　　TEL 0463-79-3921　FAX 0463-69-5087
　　　　URL http://www.press.tokai.ac.jp/
　　　　振替　00100-5-46614

印　刷　港北出版印刷株式会社

製本所　株式会社石津製本所

ⒸOsaka Museum of Natural History, 2007　　　　ISBN978-4-486-01767-7
Ⓡ〈日本複写権センター委託出版物〉
本書の全部または一部を無断で複写複製（コピー）することは，著作権法上の例外を除き，禁じられています．本書から複写複製する場合は日本複写権センターへご連絡の上，許諾を得てください．日本複写権センター（電話 03-3401-2382）